乡村振兴战略·
浙江省农民教育培训用书

绿色食品
科学用药指南

浙江省农业农村厅 组编

浙江科学技术出版社

版权所有　侵权必究

图书在版编目(CIP)数据

绿色食品科学用药指南 / 浙江省农业农村厅组编．
— 杭州：浙江科学技术出版社，2022.6
乡村振兴战略·浙江省农民教育培训用书
ISBN 978-7-5739-0067-8

Ⅰ.①绿… Ⅱ.①浙… Ⅲ.①农药施用－无污染技术－农民教育－教材 Ⅳ.①S48

中国版本图书馆CIP数据核字(2022)第102807号

丛　书　名	乡村振兴战略·浙江省农民教育培训用书
书　　　名	绿色食品科学用药指南
组　　　编	浙江省农业农村厅

出版发行	浙江科学技术出版社
	杭州市体育场路347号　邮政编码：310006
	编辑部电话：0571-85152719
	销售部电话：0571-85176040
	网址：www.zkpress.com
	E-mail：zkpress@zkpress.com
排　　版	杭州万方图书有限公司
印　　刷	浙江海虹彩色印务有限公司
经　　销	全国各地新华书店
开　　本	710×1000　1/16	印　张	14.5
字　　数	230千字		
版　　次	2022年6月第1版	印　次	2022年6月第1次印刷
书　　号	ISBN 978-7-5739-0067-8	定　价	72.00元

责任编辑　詹　喜	文字编辑　李羕然
责任校对　张　宁	责任美编　金　晖
责任印务　吕　琰	

"乡村振兴战略·浙江省农民教育培训用书"
编委会

主　　任　唐冬寿
副 主 任　陈百生　王仲淼
委　　员　田　丹　林宝义　黄立诚　徐晓林　孙奎法
　　　　　张友松　吴　涛　陆剑飞　虞轶俊　郑永利
　　　　　李志慧　丁雪燕　宋美娥　梁大刚　柏　栋
　　　　　赵佩欧　周海明　周　婷　马国江　赵剑波
　　　　　罗鸳峰　徐　波　陈勇海　鲍　艳

《绿色食品科学用药指南》编写人员

主　　编　李　露　郑永利　吴华新
副 主 编　周小军　徐淑波　邹文武
编　　写（按姓氏笔画排序）
　　　　　史　婕　孙肖雨　孙淑媛　李　露　吴华新
　　　　　吴慧明　邹文武　武　肖　林　燕　周小军
　　　　　郑永利　徐冬毅　徐淑波　章彩飞　蒋凯亚

序 言

乡村振兴，人才是关键。习近平总书记指出，"让愿意留在乡村、建设家乡的人留得安心，让愿意上山下乡、回报乡村的人更有信心，激励各类人才在农村广阔天地大施所能、大展才华、大显身手，打造一支强大的乡村振兴人才队伍"。2021年，中共中央办公厅、国务院办公厅印发了《关于加快推进乡村人才振兴的意见》，从顶层设计上为乡村振兴的专业化人才队伍建设做出了战略部署。

一直以来，浙江始终坚持和加强党对乡村人才工作的全面领导，把乡村人力资源开发放在突出位置，聚焦引、育、用、留、管等关键环节，启动实施"两进两回"行动、十万农创客培育工程，持续深化千万农民素质提升工程，培育了一大批爱农业、懂技术、善经营的高素质农民，造就了一大批扎根农村创业创新的"乡村农匠""农创客"，乡村人才队伍结构不断合理、素质不断提升，有力推动了浙江"三农"工作持续走在前列。

当前，"三农"工作重心已全面转向乡村振兴。打造乡村振兴示范省，促进农民农村共同富裕，比以往任何时候都更加渴求人才，更加迫切需要提升农民素质。为适应乡村振兴人才需要，扎实做好农民教育培训工作，浙江省委农办、浙江省农业农村厅、浙江省乡村振兴局组织省内行业专家和权威人士，围绕种植业、畜牧业、海洋渔业、农产品质量安全、农业机械装备、农产品直播、农家小吃等方面，编写了"乡村振兴战略·浙江省农民教育培训用书"。

本套丛书既围绕全省农业主导产业，包括政策体系、发展现状、市场前景、栽培技术、优良品种等内容；又紧扣农业农村发展新热点、新趋势，包括电商村播、农家特色小吃、生态农业沼液科学施用等内容，覆盖广泛、图文并茂、通俗易懂。相信本套丛书的出版，不仅可以丰富充实浙江农民教育培训教学资源库，全面提升全省农民教育培训效率和质量，更能为农民群众适应现代化需要，练就真本领、硬功夫，赋能添彩。

浙江省委农办主任
浙江省农业农村厅厅长
浙江省乡村振兴局局长
2022年3月

前言

为进一步贯彻落实"品种培优、品质提升、品牌打造和标准化生产",促进产业高质量发展,保障行业高水平安全,我们组织编写了《绿色食品科学用药指南》。

全书共分三章。第一章,重点介绍绿色食品内涵定义、科学用药原则以及《绿色食品 农药使用准则》(NY/T 393—2020)的修订情况。第二章,重点介绍种植业类绿色食品生产过程允许使用的杀虫杀螨剂、杀菌剂、除草剂、植物生长调节剂的作用机理、防治对象和使用技术,并根据实践经验做了相关专家提醒。第三章,依据《食品安全国家标准 食品中农药最大残留限量》(GB 2763—2021)《绿色食品 农药使用准则》(NY/T 393—2020),以及《绿色食品 柑橘类水果》(NY/T 426—2021)《绿色食品 温带水果》(NY/T 844—2017)《绿色食品 茶叶》(NY/T 288—2018)等系列最新版标准,结合浙江省种植业类重要绿色食品水果、茶叶和蔬菜的生产实际,以"少用药、用好药、科学用"为原则,制订了科学防控方案,大力倡导绿色标准化生产。

本书紧贴浙江省绿色食品生产需求,对标国家标准或农业行业标准,采取表格式清单化编写,力求通俗易懂、实用简便,既可作为各级农广校高素质农民的培训教材,也可作为广大从事种植业类绿色食品生产的农业经营主体的工具书,还可作为高职高专院校、成人教育农学类等专业参考用书。

在编写过程中,我们参考了中国绿色食品发展中心编写的有关文献资料,并得到了业内专家的鼎力支持,在此表示衷心感谢!囿于水平和时间,书中难免存在疏漏之处,敬请广大读者批评指正。

编者

2022年4月

目录

第一章　绿色食品科学用药准则　　1

　　第一节　绿色食品概述　　/ 2
　　第二节　科学用药基本原则　　/ 4
　　第三节　绿色食品农药使用准则　　/ 6

第二章　绿色食品允许使用的农药品种　　11

　　第一节　杀虫杀螨剂　　/ 12
　　第二节　杀菌剂　　/ 50
　　第三节　除草剂　　/ 106
　　第四节　植物生长调节剂　　/ 143

第三章　绿色食品科学用药方案　　159

　　第一节　绿色食品　桃　　/ 160
　　第二节　绿色食品　梨　　/ 165
　　第三节　绿色食品　柑橘　　/ 170
　　第四节　绿色食品　杨梅　　/ 177
　　第五节　绿色食品　猕猴桃　　/ 180

第六节　绿色食品　葡萄　/ 184

第七节　绿色食品　茶叶　/ 191

第八节　绿色食品　小白菜　/ 195

第九节　绿色食品　芦笋　/ 199

第十节　绿色食品　茭白　/ 202

附录　205

附录一　《绿色食品　农药使用准则》（NY/Y 393—2020）

/ 206

附录二　绿色食品允许使用的农药品种中文名称索引　/ 216

第一章
绿色食品科学用药准则

第一节 绿色食品概述

根据2012年农业部第6号部长令《绿色食品标志管理办法》相关规定，绿色食品是指产自优良生态环境，按照绿色食品标准生产，实行全程质量控制并获得绿色食品标志使用权的安全优质食用农产品及相关产品。

绿色食品是我国第一例质量证明商标。绿色食品标志图形（图1-1）由三部分构成，上方的太阳、下方的叶片和中心的蓓蕾，象征自然生态；颜色为

图1-1　绿色食品标志

绿色（C100 Y90），象征生命、农业和环保；整个图形为正圆形，意为安全和保护。

我国绿色食品概念起源于20世纪80年代末，农业部农垦部门在研究制定全国农垦经济社会"八五"发展规划时，根据农垦系统的生态环境、组织管理和技术条件等优势，借鉴国际有机农业生产管理理念和模式，提出要在中国开发绿色食品。1991年，绿色食品标志经国家工商行政管理局核准注册；同年，国务院对农业部呈报的《关于开发"绿色食品"的情况和几个问题的请示》作出批复："开发绿色食品对保护生态环境，提高产品质量，促进食品工业发展，增进人民健康，增加农产品出口创汇，都具有现实意义和深远影响。要采取措施，坚持不懈地抓好这项开创性工作，各有关部门要给予大力支持。"1992年，国务院在《关于发展高产优质高效农业的决定》中强调，"对绿色食品等经国家有关部门正式确定的质量标志要严格管理，依法使用和保护"；同年，农业部成立绿色食品办公室，并在国家有关部门的支持下组建了中国绿色食品发展中心，组织开展绿色食品开发和管理工作。1993年，农业部制定出台《绿色食品标志管理办法》。2012年7月，农业部第6号部长令颁布新版《绿色食品标志管理办法》。2016年，农业部印发《关于推进"三品一标"持续健康发展的意见》，明确绿色食品要突出安全优质和全产业链优势，引领优质优价的发展方向。2021年，农业农村部办公厅印发《农业生产"三品一标"提升行动实施方案》，明确提出"推进品种培优、品质提升、品牌打造和标准化生产"，要求推广绿色投入品，积极发展绿色食品。

历经30年持续实践和发展，绿色食品的市场影响力和知名度逐渐增强，日益成为我国优质安全农产品的主力军。截至2021年年底，全国有效期内绿色食品企业23493家，绿色食品51071个，绿色食品监测面积1.48亿亩；全国绿色食品原料标准化基地729个，总面积超过1.7亿亩。

第二节 科学用药基本原则

《绿色食品 农药使用准则》（NY/T 393—2020）规定，绿色食品是指产地环境质量符合《绿色食品 产地环境质量标准》（NY/T 391—2021）的要求，遵照绿色食品生产标准生产，生产过程中遵循自然规律和生态学原理，协调种植业和养殖业平衡，不使用或限量使用限定的化学合成的肥料、农药、兽药、渔药、添加剂等物质，产品质量符合绿色食品产品标准，经专门机构许可使用绿色食品标志的产品。

同时《绿色食品 农药使用准则》（NY/T 393—2020）规定，绿色食品生产中有害生物防治需遵循以下原则：

（1）以保持和优化农业生态系统为基础，建立有利于各类天敌繁衍和不利于病虫草害滋生的环境条件，提高生物多样性，维持农业生态系统的平衡。

（2）优先采用农业措施：如选用抗病虫品种、实施种子种苗检疫、培育壮苗、加强栽培管理、中耕除草、耕翻晒垡、清洁田园、轮作倒茬、间作套种等。

（3）尽量利用物理和生物措施：如用温汤浸种控制种传病虫害，机械捕捉害虫，机械或人工除草，用灯光、色板、性诱剂和食物诱杀害虫，释放害虫天敌和稻田养鸭控制害虫等。

（4）必要时合理使用低风险农药：如没有足够有效的农业、物理和生物措施，在确保人员、产品和环境安全的前提下，按照相关规定科学合理使用农药。

由此可见，绿色食品生产过程中虽然没有完全禁止使用化学合成的生产资料，但对科学合理用药要求十分严谨，无论是药剂选择还是规范使用方面，其严格程度远远高于常规生产要求。

在绿色食品病虫草害防治实践中，应当优先采取绿色防控技术。如确实没有足够有效的农业、物理和生物措施，在确保人员、产品和环境安全的前提下，允许限量使用限定的低风险农药，并严格遵循《农药管理条例》和《农药合理使用准则》[GB/T 8321（所有部分）]等相关规定。简而言之，绿色食品科学用药的基本原则可归纳为:"少用药""用好药"和"科学用"。

(1)"少用药",即必要性原则。绿色食品科学用药的首要原则就是尽量不使用任何化学合成的生产资料。在生产实践中,应当科学规划作物布局,开展水旱轮作,合理间作套种,利用田边地角配套种植蜜源植物、载体植物、指示植物、诱集植物、栖境植物等,丰富田间小生境的生物多样性,人工释放或自然促增害虫天敌,有机协调各项农业、物理、生物防控措施,充分发挥生态控害综合效应,尽量不使用或少使用化学农药。

(2)"用好药",即清单制原则。当病虫危害程度达到或即将临近防治指标或允许损失的经济阈值,且相应的农业、物理、生物防控措施难以有效控制病虫危害时,及时选用对口药剂开展查定防治。所选用的药剂必须符合《绿色食品 农药使用准则》(NY/T 393—2020)规定的绿色食品生产允许使用的农药清单,并获得国家在相应作物上使用登记或省级农业主管部门的临时用药许可。如果选用农药为复配制剂,则该药剂中所有有效成分均须符合上述要求。

(3)"科学用",即低风险原则。尽管绿色食品生产允许使用的农药均属于低风险农药,但实际使用时仍应基于作业安全、作物安全、农产品质量安全和生态安全,综合分析病虫发生规律、农药制剂特性、作物生育期、农田生态环境以及气候条件等影响因子,正确选用防治药剂与制剂剂型,科学确定使用剂量、施药方式、施药范围、施药次数等,尽量规避使用不当而导致风险增加。

在药剂选择上,如防治单一病虫时应尽量使用选择性农药;如同时防治多种病虫时应尽量使用能兼治的农药。在剂型选择上,优先选择悬浮剂、微囊悬浮剂、水剂、水乳剂、微乳剂、颗粒剂、水分散粒剂和可溶性粒剂等环境友好型剂型,减少粉剂、乳油等剂型使用。根据田间病虫发生基数,综合作物生育期及品种抗病虫性、气象预测及天敌等自然控制作用,准确分析病虫发生态势,科学确定使用剂量、施药方式、施药范围、施药次数,能低剂量防治的绝不使用高剂量,能点状或块状小范围防治的尽量不实施大面积普治,能一次防治控制病虫害的绝不多次防治。确实需要多次防治时,应尽可能交替使用不同作用机理且无交互抗性的农药品种。在施药作业时做好安全防护,杜绝发生生产性事故。施药后要严格遵守安全间隔期,确保农产品质量安全。

第三节 绿色食品农药使用准则

《绿色食品 农药使用准则》(NY/T 393—2020)于2020年11月1日正式发布实施(详见附录),该准则沿用了《绿色食品 农药使用准则》(NY/T 393—2013)的标准框架,根据近年来国内外在农药开发、风险评估、标准法规、使用登记和生产实践等方面取得的新进展、新数据和新经验,更多地从农药对健康和环境影响的综合风险控制出发,适当兼顾绿色食品生产对农药品种的实际需求,对标准做了部分修改。

一、农药内涵变化

根据2017年新版《农药管理条例》第二条和《农药登记管理术语 第1部分:基本术语》(NY/T 1667.1—2018),《绿色食品 农药使用准则》(NY/T 393—2020)重新界定了农药的范围,将《绿色食品 农药使用准则》(NY/T 393—2013)的"农药和植保产品"修正为"农药"。

二、农药类别变化

《绿色食品 农药使用准则》(NY/T 393—2020)的农药类别为4类,即杀虫杀螨剂、杀菌剂、除草剂和植物生长调节剂,将《绿色食品 农药使用准则》(NY/T 393—2013)杀虫剂、杀螨剂和杀软体动物剂合并为杀虫杀螨剂,杀菌剂和熏蒸剂合并为杀菌剂,具体见表1-1。

表1-1 《绿色食品　农药使用准则》2013版与2020版农药类别变化

《绿色食品　农药使用准则》（NY/T 393—2020）	《绿色食品　农药使用准则》（NY/T 393—2013）
4类	7类
杀虫杀螨剂	杀虫剂
	杀螨剂
	杀软体动物剂
杀菌剂	杀菌剂
	熏蒸剂
除草剂	除草剂
植物生长调节剂	植物生长调节剂

三、农药数量变化

《绿色食品　农药使用准则》（NY/T 393—2020）规定的绿色食品生产允许使用的化学农药清单，与《绿色食品　农药使用准则》（NY/T 393—2013）相比，删除化学农药22种，新增33种，具体数量变化见表1-2。

表1-2 《绿色食品　农药使用准则》2013版与2020版农药数量变化

类别	《绿色食品　农药使用准则》（NY/T 393—2020）	《绿色食品　农药使用准则》（NY/T 393—2013）	删除	新增
杀虫杀螨剂	39	37（含杀软体动物剂）	7	9
杀菌剂	57	42（含熏蒸剂）	1	16
除草剂	39	44	12	7
植物生长调节剂	6	7	2	1
合计			22	33

从AA级和A级绿色食品生产均允许使用农药看，删除了（硫酸）链霉素1种农药，新增了具有诱杀作用的植物（如香根草等）、烯腺嘌呤、松脂酸钠等农药。

从杀虫杀螨剂看,由原来的37种增加到39种,删除了联苯菊酯等7种农药,有机磷农药只保留了辛硫磷,菊酯类农药只保留了高效氯氰菊酯与甲氰菊酯2种,增列了虫螨腈等9种农药。

从杀菌剂看,由原来的42种增加到57种,删除了甲霜灵,保留了精甲霜灵,增列了氰氨化钙,以及三唑类、嘧啶类和酰胺类具有保护和治疗作用的杀菌剂16种,杀菌范围更广、更有效。

从除草剂看,由原来的44种减少到39种,删除了具有2A类致癌物风险(如草甘膦)、难于降解(如敌草隆)、影响水生生物(如禾草丹)等12种除草剂,增列了丙草胺等农药。

《绿色食品 农药使用准则》(NY/T 393—2020)允许使用农药清单变化及农药删除分析见表1-3、表1-4。

表1-3 《绿色食品 农药使用准则》2020版允许使用农药清单变化

类别	删除农药	增列农药
AA级和A级	(硫酸)链霉素	具有诱杀作用的植物(如香根草等)、烯腺嘌呤、松脂酸钠
杀虫杀螨剂	S-氰戊菊酯、丙溴磷、毒死蜱、联苯菊酯、氯氟氰菊酯、氯菊酯、氯氰菊酯	氟啶虫胺腈、甲氧虫酰肼、硫酰氟、氰氟虫腙、杀虫双、杀铃脲、溴氰虫酰胺、虫螨腈、虱螨脲
杀菌剂	甲霜灵	苯醚甲环唑、稻瘟灵、噁唑菌酮、氟吡菌酰胺、氟硅唑、氟吗啉、氟酰胺、氟唑环菌胺、喹啉铜、嘧菌环胺、噻呋酰胺、噻唑锌、三环唑、肟菌酯、烯肟菌胺、氰氨化钙
除草剂	草甘膦、敌草隆、噁草酮、二氯喹啉酸、禾草丹、禾草敌、西玛津、野麦畏、乙草胺、异丙甲草胺、莠灭净、仲丁灵	苄嘧磺隆、丙草胺、丙炔噁草酮、精异丙甲草胺、双草醚、五氟磺草胺、酰嘧磺隆
植物生长调节剂	多效唑、噻苯隆	1-甲基环丙烯

表1-4 删除的A级绿色食品生产允许使用农药分析

序号	农药名称	类型	主要原因
1	草甘膦	除草剂	2A类致癌物；各国有争议，意见不统一
2	敌草隆	除草剂	目前仅登记在棉花和甘蔗上使用，土壤中半衰期96天，单次用量大，综合风险较大
3	噁草酮	除草剂	土壤中半衰期232天
4	二氯喹啉酸	除草剂	土壤中半衰期493天，使用不当容易出现药害
5	禾草丹	除草剂	对鱼、水蚤、藻等水生生物高毒，一次使用剂量大，综合风险较大
6	禾草敌	除草剂	中等毒性，一次使用剂量大，综合风险较大
7	西玛津	除草剂	单次用量大，综合风险较大，部分作物有药害产生，少见植保部门推荐
8	野麦畏	除草剂	生物富集，对水生生物高毒
9	乙草胺	除草剂	对农作物药害风险大
10	异丙甲草胺	除草剂	"精异丙甲草胺"替代
11	莠灭净	除草剂	对藻类等水生生物高毒，在水中稳定，一次用量大，综合影响较大
12	仲丁灵	除草剂	对水生生物毒性较大，土壤中半衰期80天，生物富集系数1950，一次用量大，综合影响大
13	S-氰戊菊酯	杀虫剂	对天敌无选择性，对螨无效；蚜虫和棉铃虫等害虫易产生抗性；对蜜蜂、鱼虾、家禽等毒性高；茶叶禁用
14	丙溴磷	杀虫剂	中等毒性，对蜜蜂、鱼、鸟毒性大，臭味重
15	毒死蜱	杀虫剂	综合危害性大，农业部第2032号公告禁止在蔬菜上使用
16	联苯菊酯	杀虫剂	对人畜毒性中等，对鱼毒性高，对虹鳟LC_{50}（96小时）为0.00015毫克/升
17	氯氟氰菊酯	杀虫剂	残效期20天；对鱼虾、蜜蜂、家蚕高毒
18	氯菊酯	杀虫剂	更多用于卫生害虫，水生生物高毒
19	氯氰菊酯	杀虫剂	对蚕、蜜蜂剧毒，对鱼高毒

续表

序号	农药名称	类型	主要原因
20	甲霜灵	杀菌剂	"精甲霜灵"替代
21	多效唑	植物生长调节剂	长残留（水和土壤中半衰期分别为359天和86.5天），有药害，功能与烯效唑类同
22	噻苯隆	植物生长调节剂	主要在棉花上用作脱叶剂，对绿色食品生产的重要性相对较低

四、农药毒性变化

根据农药DAI值分析，《绿色食品 农药使用准则》（NY/T 393—2020）新增的33种A级绿色食品允许使用农药中，1种中毒、21种低毒、10种微毒、1种无毒，低毒和微毒农药比例明显增加，提升了《绿色食品 农药使用准则》（NY/T 393—2020）中整体农药的安全结构比例，具体见表1-5。

表1-5 A级绿色食品生产允许使用农药的安全结构

类别	中毒农药	低毒农药	微毒农药
杀虫杀螨剂	2	32	5
杀菌剂	4	36	17
除草剂	3	23	13
植物生长调节剂	0	4	2
合计	9	95	37

五、农药残留要求变化

《绿色食品 农药使用准则》（NY/T 393—2020）将《绿色食品 农药使用准则》（NY/T 393—2013）中"在环境中长期残留的国家明令禁用农药，其再残留量应符合《食品安全国家标准 食品中农药最大残留限量》（GB 2763—2021）的要求"，修订为"这些农药如果GB 2763的残留限量高于0.01毫克/千克的，修改按更为严格的0.01毫克/千克执行"。

第二章
绿色食品允许使用的农药品种

第一节 杀虫杀螨剂

苯丁锡

英文名称	fenbutatin oxide
其他名称	克螨锡、托尔克、杀螨锡
主要剂型及含量	10%、15%、38%、40%乳油，25%、50%可湿性粉剂，10.6%、10.8%、20%、21%、24%、30%、35%、40%、45%、50%悬浮剂

◆ 作用机理与特点

苯丁锡属感温型抑制神经组织的有机锡类杀螨剂，具有触杀、胃毒、渗透、内吸作用。对害螨以触杀为主，喷药后起始毒力缓慢，3天后活性开始增加，到14天时达到杀虫高峰。

◆ 适用作物与防治方法

适用于柑橘等作物。

◎朱砂叶螨：10%乳油500～600倍液喷雾。

◎锈壁虱：25%可湿性粉剂1000～1500倍液喷雾。

> **专家提醒**
>
> 1.气温低于22℃以下活性降低，低于15℃药效差，冬季不宜使用。
>
> 2.残效期可达2～5个月，对幼螨杀伤力较强，对卵杀伤力不大。
>
> 3.在柑橘上使用的安全间隔期为21天，每季最多使用2次。

吡丙醚

英文名称	pyriproxifen
其他名称	灭幼宝、蚊蝇醚
主要剂型及含量	100克/升、10%乳油，5%水乳剂，10%悬浮剂，0.5%颗粒剂，5%微乳剂

❖ 作用机理与特点

吡丙醚属苯醚类昆虫生长调节剂，是一种保幼激素类似物。通过抑制昆虫蜕变和繁殖来控制虫害，可抑制胚胎发育及卵的孵化或生成没有生活能力的卵，具有杀卵作用。可抑制蚊、蝇幼虫化蛹和羽化，持效期长达1个月左右。低毒，有内吸作用，对作物安全，对生态环境影响小。

❖ 适用作物与防治方法

适用于茶树、番茄、甘蓝、柑橘、黄瓜等作物。
◎ 介壳虫：100克/升乳油1000~1500倍液喷雾。
◎ 烟粉虱：100克/升乳油800~1000倍液喷雾。

专家提醒

1. 可与其他药剂复配或混用来增强药效和速效性。
2. 对鱼中等毒性，禁止用于鱼塘及养蚕区域。喷洒时防止药雾漂移污染，远离水产养殖区、河流、池塘等水域施药。禁止在河流、池塘等水体中清洗施药器具。

吡虫啉

英文名称	imidacloprid
其他名称	蚜虱净、康福多、咪蚜唑、一遍净、艾美乐、高巧
主要剂型及含量	10%、25%可湿性粉剂，70%水分散粒剂，5%、10%乳油，60%悬浮种衣剂

◆ 作用机理与特点

吡虫啉是一种新烟碱类农药,兼具胃毒和触杀作用,持效期较长,可使害虫中枢神经的正常传导受阻,致其麻痹死亡。对刺吸式口器害虫有很好的防治效果。原药常温下贮存稳定,对眼有轻微刺激作用,对皮肤无刺激作用。

◆ 适用作物与防治方法

适用于茶树、大豆、番茄、柑橘、梨、蔬菜、水稻等作物。
- 烟粉虱:70%水分散粒剂4000~5000倍液喷雾。
- 蚜虫:10%可湿性粉剂1000~1500倍液喷雾。
- 柑橘潜叶蛾:10%可湿性粉剂2000~2500倍液喷雾。
- 梨木虱:70%水分散粒剂7500~10000倍液喷雾。

专家提醒

1.提倡与不同作用机理的杀虫剂轮换使用,以延缓抗性产生。特别是褐飞虱对吡虫啉的抗性属极高抗水平,建议暂停使用该药剂防治褐飞虱。

2.对家蚕、蜜蜂和虾类高毒,使用过程中应避免污染养蜂、养蚕场以及相关水源。

3.具有一定的内吸性,可用于种子处理。一般亩用有效成分3~10克拌种。

吡蚜酮

英文名称	pymetrozine
其他名称	顶峰、快电、飞电
主要剂型及含量	25%、50%、60%、70%可湿性粉剂,50%、60%、70%水分散粒剂,25%悬浮剂,70%种子处理可分散粉剂,6%颗粒剂,30%悬浮种衣剂

❖ **作用机理与特点**

吡蚜酮属吡啶类杀虫剂,对多种刺吸式口器害虫有很好的防治效果,能造成害虫口针阻塞,害虫因无法进食而迅速停止危害,并最终饥饿致死。对害虫具有触杀作用,同时还有内吸活性和良好的输导特性。致死效应相对较慢,施用48小时后方可见较多的死虫。

❖ **适用作物与防治方法**

适用于茶树、番茄、甘蓝、桃树、黄瓜、水稻、莲藕等作物。
- 稻飞虱:亩用50%水分散粒剂12～20克兑水喷雾。
- 蚜虫:50%水分散粒剂1500～2000倍液喷雾。
- 茶小绿叶蝉:50%水分散粒剂2500～3000倍液喷雾。

专家提醒

1. 瓜类苗期对该药剂敏感,易产生药害。
2. 对鱼、蜜蜂低毒。

虫螨腈

英文名称	chlorfenapyr
其他名称	除尽、帕力特
主要剂型及含量	10%悬浮剂,240克/升悬浮剂,10%、20%微乳剂

❖ **作用机理与特点**

虫螨腈是一种芳基取代吡咯类化合物,具有独特的作用机理,主要干扰害虫呼吸链上的电子传递,影响昆虫体内能量转化。可以防治对氨基甲酸酯类、有机磷类和拟除虫菊酯类杀虫剂产生抗药性的昆虫和螨类。具有胃毒和触杀作用,在植物叶面渗透性强,有一定的内吸作用。属低毒杀虫剂,对眼睛有轻微刺激作用。

❖ 适用作物与防治方法

适用于菠菜、茶树、大白菜、大葱、豆角、甘蓝、柑橘、黄瓜、姜、梨等作物。

◎小菜蛾、斜纹夜蛾、甜菜夜蛾、银纹夜蛾：低龄幼虫高峰期，用240克/升悬浮剂1000～2000倍液喷雾。

◎菜青虫：低龄幼虫高峰期，用240克/升悬浮剂2000～2500倍液喷雾。

◎梨木虱：低龄幼虫盛发期，用240克/升悬浮剂1200～2000倍液喷雾。

专家提醒

1. 傍晚施药更有利于药效发挥。
2. 对鱼和蜜蜂高毒，应避免污染水源，作物花期慎用。

除虫脲

英文名称	diflubenzuron
其他名称	敌灭灵、灭幼脲1号
主要剂型及含量	5%、20%乳油，5%、25%可湿性粉剂，10%、20%、50%悬浮剂

❖ 作用机理与特点

除虫脲属苯甲酸基苯基脲类杀虫剂，有胃毒和触杀作用。害虫接触药剂后，抑制其在蜕皮时形成新表皮，虫体畸形而死亡。杀死害虫的速度比较慢。对鳞翅目害虫有较好的防治效果。

❖ 适用作物与防治方法

适用于茶树、柑橘、苹果、十字花科蔬菜等作物。

◎茶尺蠖：5%乳油1000～1500倍液喷雾。

◎菜青虫：亩用25%可湿性粉剂60～70克兑水喷雾。

◎玉米螟：亩用50%悬浮剂5～10毫升兑水喷雾。

◎桃蛀螟：20%悬浮剂1600～2500倍液喷雾。

◎松毛虫：亩用20%悬浮剂40～50毫升兑水喷雾。

> **专家提醒**
>
> 1. 在茶树上的安全间隔期为7天，每季最多使用1次。
> 2. 对蚕、蜜蜂有毒，使用时应严格禁止在蜜蜂活动区域使用；采桑期间，应避免在桑园和蚕室附近使用；附近农田使用时，避免漂移至桑园或养蜂场所。
> 3. 不可与碱性农药等混用。

啶虫脒

英文名称	acetamiprid
其他名称	莫比朗
主要剂型及含量	3%、5%乳油，10%微乳剂，3%、5%、20%、60%可湿性粉剂，20%可溶粉剂，70%水分散粒剂，20%可溶液剂

❖ 作用机理与特点

啶虫脒是高效内吸性氯化烟碱类杀虫剂，作用于害虫乙酰胆碱受体，有较强的触杀、胃毒和渗透作用，持效期约20天，杀虫速度快，杀虫谱广。属中等毒性杀虫剂。

❖ 适用作物与防治方法

适用于草莓、茶树、大白菜、番茄、甘蓝、柑橘、杭白菊、黄瓜、水稻等作物。

◎蚜虫：发生初盛期，用5%乳油1500～2000倍液喷雾。

◎烟粉虱：发生初期，用20%可溶液剂1000～2000倍液喷雾。

◎茶小绿叶蝉：20%可溶液剂4000～5000倍液喷雾。

> **专家提醒**
> 1. 对家蚕毒性较高,禁止在桑园施用,近桑园周边作物上慎用。
> 2. 不可与强碱性物质(如波尔多液、石硫合剂等)混用。
> 3. 对鱼低毒,对蜜蜂中等毒性。

多杀霉素

英文名称	spinosad
其他名称	菜喜、催杀
主要剂型及含量	2.5%、5%、10%、48%悬浮剂,2%微乳剂,3%、4%、8%水乳剂,20%水分散粒剂,10%可分散油悬乳剂

❖ 作用机理与特点

多杀霉素是一种大环内酯类生物杀虫剂,来源于放线菌的生物源农药。主要作用于烟酸乙酰胆碱受体,可竞争性结合到靶标害虫乙酰胆碱烟碱型受体,但其结合位点不同于烟碱和吡虫啉。多杀霉素也可以影响GABA受体,但作用机理不清。对害虫具有触杀和胃毒作用,有一定的杀卵作用,对叶片有较强的渗透作用。能有效地防治鳞翅目、双翅目、缨翅目、鞘翅目和直翅目的害虫,对刺吸式害虫和螨类的防治效果较差。杀虫效果受下雨影响较大,杀虫速度可与化学农药相媲美。

❖ 适用作物与防治方法

适用于大白菜、甘蓝、花椰菜、苦瓜、茄子、水稻等作物。

◎小菜蛾:低龄幼虫盛发期,用2.5%悬浮剂1000~1500倍液均匀喷雾,或亩用2.5%悬浮剂33~50毫升兑水20~50升喷雾。

◎甜菜夜蛾:低龄幼虫期,用2.5%悬浮剂500~1000倍液喷雾,傍晚施药效果最好。

◎蓟马:点状发生期,用2.5%悬浮剂1000~1500倍液均匀喷雾,重点在幼嫩组织如花、幼果、顶尖及嫩梢等部位。

> **专家提醒**
>
> 1.该药剂对刺吸式口器害虫和螨类防效差。
> 2.喷药后24小时内遇降雨影响药效。
> 3.与目前常用杀虫剂无交互抗性,为低毒、高效、低残留的生物杀虫剂,对有益虫和哺乳动物安全。对鱼中等毒性,对蜜蜂高毒。

氟虫脲

英文名称　　flufenoxuron

其他名称　　氟芬隆

主要剂型及含量　　50克/升可分散液剂

❖ 作用机理与特点

氟虫脲能抑制昆虫的几丁质合成,对未成熟的螨和昆虫的效果较好。

❖ 适用作物与防治方法

适用于柑橘等作物。

◎ 柑橘全爪螨:50克/升可分散液剂600～1000倍液喷雾。

◎ 柑橘潜叶蛾:50克/升可分散液剂1000～1500倍液喷雾。

> **专家提醒**
>
> 1.每个作物每季最多使用2次。
> 2.不宜与碱性物质混用。
> 3.对虾蟹毒性大,应远离水产养殖区用药;禁止在河流、池塘等水体中清洗施药器具,避免药液污染水源。
> 4.作用较慢,施药时间要比一般杀虫杀螨剂提前2～3天。

氟啶虫胺腈

英文名称	sulfoxaflor
其他名称	可立施、特福力
主要剂型及含量	50%水分散粒剂，22%悬浮剂

◆ 作用机理与特点

氟啶虫胺腈属砜亚胺类杀虫剂，作用于昆虫神经系统的烟碱类乙酰胆碱受体（nAChR）内独特的结合位点而发挥作用。可被植物根、茎、叶吸收。高效、快速并且持效期长，能有效防治对烟碱类、菊酯类、有机磷类和氨基甲酸酯类农药产生抗性的害虫。

◆ 适用作物与防治方法

适用于白菜、甘蓝、柑橘、黄瓜、葡萄、水稻、桃、西瓜等作物。

◎蚜虫：发生始盛期，用22%悬浮剂5000～10000倍液喷雾。

◎柑橘矢尖蚧：第一代低龄若虫始盛期，用22%悬浮剂4500～6000倍液喷雾。

◎烟粉虱：成虫始盛期或卵孵始盛期，用22%悬浮剂2500～3000倍液喷雾。

◎葡萄盲蝽蟓：低龄若虫期，用22%悬浮剂1000～1500倍液喷雾。

◎稻飞虱：低龄若虫期，亩用22%悬浮剂15～20毫升兑水45～60升喷雾。

专家提醒

1. 考虑抗性管理的需要，每季作物周期最多使用2次。

2. 在蜜源植物和蜂群活动频繁区域，施药后待作物表面药液彻底干后，才可以放蜂，以免蜜蜂中毒。

3. 可被土壤微生物迅速降解，不宜用于土壤处理或拌种使用。

4. 对鱼低毒，对蜜蜂和蚯蚓高毒，对家蚕有毒，禁止在蜜源植物花期或蚕室、桑园附近使用。

氟啶虫酰胺

英文名称	flonicamid
其他名称	隆施
主要剂型及含量	20%悬浮剂，10%、20%、50%水分散粒剂

◆ 作用机理与特点

氟啶虫酰胺属吡啶酰胺类杀虫剂，通过阻碍害虫吮吸作用而起效，与吡蚜酮类似。对蚜虫有很好的快速拒食活性，内吸性强并具有较好的传导活性、用量少、活性高、持效期长等特点，与有机磷、氨基甲酸酯和除虫菊酯类农药无交互抗性，并有很好的生态环境相容性。

◆ 适用作物与防治方法

适用于茶树、大葱、甘蓝、黄瓜、茄子、芹菜、水稻、桃、西瓜等作物。
◎蚜虫、叶蝉、粉虱：10%水分散粒剂1000～1500倍液喷雾。
◎稻飞虱：亩用50%水分散粒剂8～10克兑水45～60升喷雾。

> **专家提醒**
>
> 1.对鞘翅目、双翅目和鳞翅目昆虫和螨类无活性，对家蚕、蜜蜂、异色瓢虫和小钝绥螨等大多数有益节肢动物安全，对鱼低毒。
> 2.该药为昆虫拒食剂，因此施药后2～3天才能看到蚜虫死亡。注意不要重复施药。

氟铃脲

英文名称	hexaflumuron
其他名称	盖虫散、伏虫灵、果蔬保、六伏隆
主要剂型及含量	5%乳油，10%、15%水分散粒剂，5%微乳剂，20%悬浮剂

❖ 作用机理与特点

氟铃脲属苯甲酰脲类杀虫剂,是一种几丁质合成抑制剂,以胃毒作用为主,兼有触杀作用,具有杀虫和杀卵活性。

❖ 适用作物与防治方法

适用于韭菜、十字花科蔬菜等作物。

◎小菜蛾:亩用5%乳油40～75毫升兑水喷雾。

◎棉铃虫:亩用5%乳油120～160毫升兑水喷雾。

◎韭蛆:亩用5%乳油300～400毫升灌根。

专家提醒

1.对鱼类等水生生物、蜜蜂和家蚕有毒,开花植物花期或蚕室和桑园附近禁用。

2.远离水产养殖区施药,禁止在河流、池塘等水体中清洗施药器具。

高效氯氰菊酯

英文名称	beta-cypermethrin
其他名称	高灭灵、三敌粉、卫害净
主要剂型及含量	5%、10%、20%悬浮剂,4.5%微乳剂,0.12%、4.5%水乳剂,5%、8%可湿性粉剂,2.5%、4.5%乳油

❖ 作用机理与特点

高效氯氰菊酯属拟除虫菊酯类杀虫剂,非内吸性触杀型杀虫剂,作用于神经系统,通过扰乱钠离子通道功能而起作用。

❖ 适用作物与防治方法

适用于菜豆、茶树、番茄、柑橘、黄瓜、火龙果、韭菜、辣椒、梨、十字花科蔬菜等作物。

◎ 斜纹夜蛾等夜蛾科害虫：在1~2龄幼虫发生期，用4.5%乳油4000~8000倍液喷雾。

◎ 菜青虫：4.5%微乳剂1500~2000倍液喷雾。

> **专家提醒**
>
> 1. 高效氯氰菊酯中毒后无特效解毒药，应对症治疗。
> 2. 对鱼及其他水生生物高毒，应避免污染河流、湖泊、水源和鱼塘等水体；对家蚕高毒，禁止用于桑树；对蜜蜂高毒。
> 3. 在农药残留检测中，高效氯氰菊酯与氯氰菊酯无法区分，建议在绿色食品生产上尽量不使用高效氯氰菊酯。

甲氨基阿维菌素苯甲酸盐

英文名称	emamectin benzoate
其他名称	甲维盐
主要剂型及含量	2%水乳剂，5%水分散粒剂，0.2%、0.5%、1%乳油，1%、1.5%微乳剂

❖ 作用机理与特点

甲氨基阿维菌素属大环内酯类杀虫剂，可增强神经质如谷氨酸和γ-氨基丁酸（GABA）的作用，阻碍害虫运动神经信息传递而使其身体麻痹死亡。以胃毒为主兼有触杀作用，无内吸性，极易被作物吸收并渗透到表皮。

❖ 适用作物与防治方法

适用于茶树、大豆、柑橘、黄瓜、十字花科蔬菜、食用菌、水稻等作物。

◎ 棉铃虫：卵孵化盛期，用1%乳油800~1000倍液喷雾。

◎ 小菜蛾：卵孵化盛期至幼虫2龄前，亩用1%乳油15~25毫升兑水喷雾。

◎ 甜菜夜蛾、斜纹夜蛾、草地贪夜蛾：幼虫2龄期前，亩用1%乳油

30～40毫升兑水50升喷雾。

◎棉盲蝽：低龄若虫盛发期，亩用1%乳油50毫升兑水喷雾。

◎桃小食心虫：卵孵化盛期，用1%乳油1500倍液喷雾。

专家提醒

1. 对鱼和蜜蜂高毒，不能在池塘、河流等水面用药或让药水流入水域；使用时应避开蜜蜂采蜜期。

2. 易光解，在晴天傍晚施药为宜。

3. 在坚果、油菜籽、瓜类蔬菜（黄瓜、西葫芦、苦瓜除外）和豆类蔬菜（菜豆、菜用大豆除外）的最大农药残留限量分别为0.001毫克/千克、0.005毫克/千克、0.007毫克/千克和0.015毫克/千克，在柑、橘、橙的最大农药残留限量均为0.01毫克/千克。

甲氰菊酯

英文名称　　fenpropathrin

其他名称　　灭扫利、农螨丹

主要剂型及含量　　10%、20%乳油，20%水乳剂，10%微乳剂

❖ 作用机理与特点

甲氰菊酯属拟除虫菊酯类杀虫剂，杀虫活性高，是一种神经毒剂，具有触杀和胃毒作用，无内吸和熏蒸作用，有一定的驱避作用。残效期较长，对防治对象有过敏刺激作用，驱避其取食和产卵，低温下也能发挥较好的防治效果。杀虫谱广，对鳞翅目、同翅目、半翅目、双翅目、鞘翅目等多种害虫有效，对多种害螨的成螨、若螨和螨卵有一定的防治效果，虫螨兼治。

❖ 适用作物与防治方法

适用于茶树、大豆、柑橘、十字花科蔬菜等作物。

◎蚜虫：新梢有蚜株率达10%时，用20%乳油4000～8000倍液喷雾。

◎ 柑橘潜叶蛾：新梢放出初期3～6天或卵孵化期，用20%乳油8000～10000倍液喷雾。

◎ 朱砂叶螨、二斑叶螨、柑橘全爪螨：成、若螨始盛期，用20%乳油2000～3000倍液喷雾。

◎ 茶尺蠖、茶毛虫、茶小绿叶蝉：幼虫2～3龄前，用20%乳油8000～10000倍液喷雾。

◎ 介壳虫、毒蛾、刺蛾：幼虫发生期，用20%乳油2000～8000倍液喷雾。

> **专家提醒**
>
> 1. 应在早晚气温低、风小时施药，如晴天上午8时至下午5时，空气相对湿度低于65%或温度高于35℃时应停止施药。
> 2. 气温低时使用更能发挥其药效。
> 3. 对鱼和蜜蜂高毒，施药要避开蜜蜂采蜜季节及蜜源植物，不要在池塘、水源、桑田、蚕室近处喷药。
> 4. 可与有机磷等其他杀虫剂、杀螨剂轮换使用或混合使用。

甲氧虫酰肼

英文名称　　methoxyfenozide

其他名称　　美满、雷通

主要剂型及含量　240克/升悬浮剂

❖ 作用机理与特点

甲氧虫酰肼属双酰肼类杀虫剂，低毒，是一种非固醇型结构的蜕皮激素，模拟天然昆虫蜕皮激素，即20-羟基蜕皮激素，激活并附着蜕皮激素受体蛋白，促使鳞翅目幼虫提早进入蜕皮过程但又不能形成健康的新表皮。幼虫摄食6～8小时后，即停止取食，不再为害作物，并产生异常脱皮反应，导致幼虫脱水、饥饿而死亡。对高龄和低龄幼虫均有效，持效期较长。在推荐用量下对作物安全，不易产生药害。

❖ 适用作物与防治方法

适用于大葱、甘蓝、水稻等作物。

◎棉铃虫、烟青虫：卵孵化盛期，亩用240克/升悬浮剂1500～2000倍液喷雾。

◎二化螟：亩用240克/升悬浮剂30～50毫升兑水50～100升喷雾。防治二化螟造成的枯鞘和枯心苗，在卵孵化高峰前2～3天施药；防治虫伤株、枯孕穗和白穗，在卵孵化始盛期至高峰期施药。

◎甜菜夜蛾、斜纹夜蛾：孵卵盛期至低龄幼虫期，亩用240克/升悬浮剂2000～2500倍液喷雾。

专家提醒

1. 应选在卵孵化盛期或害虫发生初期施药。
2. 该药剂选择性强，只对鳞翅目幼虫有效。
3. 对鱼、蜜蜂中等毒性。

抗蚜威

英文名称	pirimicarb
其他名称	辟蚜雾
主要剂型及含量	24%、25%、37.5%、50%可湿性粉剂，25%、50%水分散粒剂

❖ 作用机理与特点

抗蚜威属氨基甲酸酯类杀虫剂，是一种高效选择性杀蚜虫剂，具有触杀、熏蒸和内吸作用，对叶面有渗透性。作用机理为抑制胆碱酯酶，施药后数分钟内即可迅速杀死蚜虫，对蚜虫传播的病毒病有较好的预防效果，残效期短，对作物安全，不伤天敌，对蜜蜂安全。对有机磷杀虫剂产生抗性的蚜虫仍有较好灭杀效果，但对棉蚜基本无效。

❖ 适用作物与防治方法

适用于十字花科蔬菜、小麦等作物。

◎蔬菜蚜虫：亩用50%可湿性粉剂10～20克或50%水分散粒剂16～22克兑水喷雾。

专家提醒

1. 宜与其他作用机理不同的杀虫剂轮换使用，以延缓抗性产生。
2. 气温低于在15℃时使用效果不能充分发挥，最好在气温高于20℃时使用。
3. 不宜用于防治棉蚜。
4. 见光易分解，应避光保存。

喹螨醚

英文名称	fenazaquin
其他名称	捷驰
主要剂型及含量	18%悬浮剂，95克/升乳油

❖ 作用机理与特点

喹螨醚属喹唑啉类杀螨剂，以触杀为主，作用于害螨细胞的线粒体和染色体组。具有杀幼螨、若螨及成螨等效果，有较长的持效期。

❖ 适用作物与防治方法

适用于茶树等作物。

◎朱砂叶螨：亩用18%悬浮剂25～35毫升或95克/升乳油4000～4500倍液喷雾。

> **专家提醒**
>
> 1. 对家蚕、蜜蜂有毒，对鱼类、水蚤类等水生生物高毒，蚕室和桑园附近或开花植物花期禁用。
> 2. 施药远离水产养殖区、河流、池塘等水体，禁止在河流、池塘等水体内清洗施药器具。清洗喷药器械或弃置废料时，避免污染鱼池、水道、灌渠和饮用水源。

联苯肼酯

英文名称	bifenazate
其他名称	爱卡螨
主要剂型及含量	24%、43%、50%悬浮剂，50%水分散粒剂

◆ 作用机理与特点

联苯肼酯属联苯肼类杀螨剂，作用于螨类中枢神经传导系统的γ-氨基丁酸（GABA）受体。对害螨生活史各个阶段均有效，具有杀卵活性和对成螨的击倒活性（48～72小时），且持效期长，持效期14天左右。选择性强，推荐使用剂量范围内对作物安全，对寄生蜂、捕食螨、草蛉低风险。

◆ 适用作物与防治方法

适用于草莓、辣椒、柑橘等作物。

◎ 朱砂叶螨、二斑叶螨等螨类：43%悬浮剂2000～3000倍液喷雾。

> **专家提醒**
>
> 对鱼和蜜蜂中等毒性。

硫酰氟

英文名称	sulfuryl fluoride
其他名称	氟氧化硫、氟化硫酰
主要剂型及含量	99.8%、99%气体制剂，99%熏蒸剂

❖ 作用机理与特点

硫酰氟具有扩散渗透性强、广谱杀虫、用药量省、残留量低、杀虫速度快、散气时间短、低温使用方便、对发芽率无影响和毒性较低等特点。

❖ 适用作物与防治方法

适用于草莓、大蒜、黄瓜、姜等作物。

- 根结线虫：每平方米土壤用99%气体制剂50~75克熏蒸。
- 韭蛆：每平方米土壤用99%气体制剂75~100克熏蒸。
- 蛴螬、蝼蛄、小地老虎等地下害虫：每平方米土壤用99%气体制剂50~100克熏蒸。
- 仓储害虫：每立方米用99%气体制剂10克密闭熏蒸。
- 鼠、蚊、蝇、蜚蠊：每立方米用99.8%气体制剂10克密闭熏蒸。

> **专家提醒**
>
> 对皮肤、眼睛和黏膜有较强的刺激性，作业时务必做好安全防护，熏蒸场所应充分通风后方可再次进入。

螺虫乙酯

英文名称	spirotetramat
其他名称	亩旺特
主要剂型及含量	240克/升悬浮剂

◆ 作用机理与特点

螺虫乙酯属季酮酸类化合物，抑制害虫乙酰辅酶A羧化酶的活性，干扰害虫脂肪合成、阻断能量代谢而起作用。与Bayer公司的杀虫杀螨剂螺螨酯（Spirodiclofen）和螺甲螨酯（Spiromesifen）属同类化合物。螺虫乙酯高效广谱，持效期长达8周，内吸性较强，可在植株体内上下传导。对重要益虫如瓢虫、食蚜蝇和寄生蜂具有良好的选择性。

◆ 适用作物与防治方法

适用于茶树、番茄、甘蓝、柑橘、黄瓜、辣椒、梨、茄子、芹菜、桃、甜瓜、西瓜等作物。

◎介壳虫：240克/升悬浮剂4000～5000倍液喷雾。

◎朱砂叶螨：240克/升悬浮剂4000～5000倍液喷雾。

◎蚜虫：240克/升悬浮剂3000～4000倍液喷雾。

◎柑橘木虱、梨木虱：240克/升悬浮剂4000～5000倍液喷雾。

◎烟粉虱：240克/升悬浮剂2000～2500倍液喷雾。

专家提醒

1. 具有双向内吸传导能力，独特的内吸传导作用有利于提高对害虫（螨）的防治效果。

2. 持效期长，特别适用于世代重叠的害虫防治，能有效控制整代害虫的危害。

3. 杀虫谱广，对环境、天敌安全，与植物相容性好，适合害虫综合防治。

4. 对鱼中等毒性，对蜜蜂低毒。

螺螨酯

英文名称	spirodiclofen
其他名称	螨危

主要剂型及含量　240克/升悬浮剂，34%悬浮剂，15%水乳剂

❖ 作用机理与特点

螺螨酯属季酮酸类非内吸性杀螨剂，兼具胃毒和触杀作用。主要通过抑制害螨体内脂肪的合成，阻断能量代谢，与常规杀螨剂无交互抗性。对害螨卵、若螨和雌成螨均有良好的防效，杀卵效果突出，持效期长。

❖ 适用作物与防治方法

适用于冬枣、柑橘、樱桃等作物。

◎ 柑橘全爪螨：240克/升悬浮剂8000倍液喷雾。

◎ 朱砂叶螨、四斑黄叶螨、茶黄螨等：240克/升悬浮剂4000～5000倍液均匀喷雾。

专家提醒

1. 对二斑叶螨防治效果不理想，不推荐使用。
2. 该药剂通过触杀作用防治害螨的卵、幼若螨和雌成螨，无内吸性，施药时要尽可能喷雾均匀，确保药液喷施到叶片正反两面及果实表面，特别是叶背，最大限度地发挥其药效。
3. 避开果树开花时用药。建议在害螨为害前期施用，以便充分发挥其持效期长的特点。
4. 不得与强碱性农药、铜制剂混用。
5. 对鱼高毒，对蜜蜂低毒。

氯虫苯甲酰胺

英文名称　　　chlorantraniliprole

其他名称　　　康宽、普尊

主要剂型及含量　5%悬浮剂，200克/升悬浮，35%水分散粒剂，0.01%、0.03%颗粒剂

❖ 作用机理与特点

氯虫苯甲酰胺属酰胺类新型杀虫剂，可激活昆虫细胞内的鱼尼丁受体并与之结合，导致该受体通道非正常长时间开放，从而过度释放细胞内的钙离子，导致昆虫肌肉麻痹，最后瘫痪死亡。其主要作用途径为胃毒和触杀，在接触到药物后几分钟内害虫即停止取食，在3天内死亡。持效期可达15天，还具有很强的渗透作用和耐雨水冲刷能力。

❖ 适用作物与防治方法

适用于菜用大豆、番茄、甘蓝、花椰菜、姜、辣椒、水稻、西瓜、白菜、玉米、茭白、豇豆等作物。

◎稻纵卷叶螟、二化螟、三化螟：亩用20%悬浮剂10~15毫升兑水喷雾。

◎稻水象甲：亩用20%悬浮剂6.67~13.3毫升喷雾。

◎玉米螟、豆荚螟：5%悬浮剂800~1000倍液喷雾。

◎棉铃虫、甜菜夜蛾、斜纹夜蛾等：5%悬浮剂750~1000倍液喷雾。

◎豆野螟：5%悬浮剂1000倍液喷雾。

专家提醒

1.田间作业中用弥雾或细喷雾效果更好。早上10时前或下午4时后用药，有利于提高防治效果。

2.禁止在桑树上使用，在桑园周边作物上使用时须谨慎，应防止药液污染桑叶，导致家蚕中毒。

3.对传粉性昆虫（蜜蜂等）、寄生天敌、捕食天敌以及鱼、虾等水生生物低毒。

4.由于浙江省一些地区用药不规范，长期连续用药，导致二化螟、甜菜夜蛾和斜纹夜蛾等主要害虫对此药已产生抗药性。一旦发现该药防治效果不佳或药效下降快，应立即更换其他替代药剂品种。

灭蝇胺

英文名称	cyromazine
主要剂型及含量	10%、11%、20%、30%、31%、35%悬浮剂，20%、50%可溶粉剂，50%、75%、80%可湿性粉剂

◆ 作用机理与特点

灭蝇胺属三嗪类昆虫生长调节剂，具有较强触杀、胃毒和内吸传导作用。作用机理是诱使双翅目幼虫和蛹发生畸变，成虫羽化不全或受抑制。主要用于防治各类蔬菜斑潜蝇。

◆ 适用作物与防治方法

适用于菜豆、大葱、黄瓜、姜、韭菜等作物。

◎美洲斑潜蝇：亩用10%悬浮剂100～150克或80%可湿性粉剂15～20克兑水喷雾。

专家提醒

1. 禁止在河流、池塘等水域清洗施药器具。
2. 在黄瓜上使用的安全间隔期为2天，每季最多使用2次。

灭幼脲

英文名称	chlorbenzuron
其他名称	灭幼脲Ⅲ号、苏脲Ⅰ号
主要剂型及含量	20%、25%、30%悬浮剂，25%可湿性粉剂

◆ 作用机理与特点

灭幼脲属苯甲酰基类杀虫剂，是一种几丁质合成抑制剂，阻碍昆虫正常脱皮，使卵孵化、幼虫蜕皮以及蛹发育畸形，成虫羽化受阻而发挥杀虫作用。

以胃毒作用为主，兼有触杀作用，无内吸性，但可通过层移作用进入叶肉组织，耐雨水冲刷，持效期较长。

❖ 适用作物与防治方法

适用于山药、桃、十字花科蔬菜等作物。

◎斜纹夜蛾、甜菜夜蛾、棉铃虫、菜青虫：25%悬浮剂1500～2500倍液喷雾。

◎松毛虫、刺蛾：亩用25%悬浮剂30～70毫升兑水喷雾。

专家提醒

1. 对家蚕有毒，禁止在桑园、蚕室附近使用。清洗药械的污水应选择安全地点妥善处理，不应随地泼洒，防止污染饮用水源和养鱼池塘。
2. 不能与碱性农药等混用。

氰氟虫腙

英文名称	metaflumizone
其他名称	艾法迪
主要剂型及含量	22%、33%悬浮剂

❖ 作用机理与特点

氰氟虫腙属缩氨基脲类杀虫剂，通过附着在钠离子通道的受体上，阻碍钠离子通行，进而抑制神经冲动使虫体过度放松、麻痹，几个小时后害虫即停止取食，1～3天内死亡。与菊酯类或其他类的化合物无交互抗性。主要是胃毒作用，触杀作用较小，无内吸作用。该药对于各龄期的靶标害虫都有较好的防治效果。

❖ 适用作物与防治方法

适用于白菜、甘蓝、水稻等作物。

◎稻纵卷叶螟：低龄幼虫始盛期，亩用22%悬浮剂30～50毫升兑水30～45升进行细喷雾，重点保护水稻上三叶。

◎斜纹夜蛾、甜菜夜蛾：低龄幼虫始盛期，用22%悬浮剂600～800倍液喷雾，可兼治小菜蛾、菜青虫等。

◎黄条跳甲、猿叶甲：成虫始盛期，用22%悬浮剂500～600倍液喷雾。

专家提醒

1. 由于稻纵卷叶螟、斜纹夜蛾、甜菜夜蛾等靶标害虫均以夜间为害为主，因此傍晚施药防治效果更佳。

2. 具有良好的耐雨水冲刷性，在喷施后1小时后就具有明显的耐雨水冲刷效果。但施药后1小时内若遇大雨应重新喷雾防治。

3. 对水生生物低毒，对哺乳动物的眼睛、皮肤无刺激性，对蜜蜂、鸟类低毒。

噻虫啉

英文名称	thiacloprid
主要剂型及含量	2%、3%微囊粉剂，40%悬浮剂，2%微囊悬浮剂，25%、36%水分散粒剂

❖ 作用机理与特点

噻虫啉属吡啶类杀虫剂，主要作用于昆虫神经接合后膜，通过与烟碱乙酰胆碱受体结合，干扰昆虫神经系统正常传导，引起神经通道的阻塞，造成乙酰胆碱的大量积累，从而使昆虫异常兴奋，全身痉挛、麻痹而死。具有较强的内吸、触杀和胃毒作用，既可用于茎叶处理，也可以进行种子处理。

❖ 适用作物与防治方法

适用于茶树、番茄、甘蓝、柑橘、黄瓜、辣椒、梨、水稻、桃、甜瓜、西瓜等作物。

◎天牛：羽化盛期，用40%悬浮剂3000～4000倍液进行林间喷雾。
◎蚜虫、叶蝉、粉虱：发生初期，用40%悬浮剂3000～5000倍液喷雾。
◎稻飞虱：低龄若虫期或卵孵化盛期，亩用40%悬浮剂15～20毫升兑水45～60升喷雾。

专家提醒

1. 该药剂是防治刺吸式和咀嚼式口器害虫的高效药剂之一。对天牛有特效，是当前防治天牛的重要药剂。
2. 与常规杀虫剂如拟除虫菊酯、有机磷类和氨基甲酸酯类没有交互抗性，因而可用于抗性治理。
3. 在土壤中半衰期短，对鸟类和多种有益节肢动物安全。
4. 对家蚕、赤眼蜂剧毒。

噻虫嗪

英文名称	thiamethoxam
其他名称	阿克泰、锐胜
主要剂型及含量	25%、70%水分散粒剂，70%种子处理可分散粉剂，12%、21%悬浮剂，0.12%颗粒剂，3%缓释粒，10%种子处理微囊悬浮剂，16%、40%悬浮种衣剂，30%种子处理悬浮剂，25%可湿性粉剂，1%饵剂

❖ **作用机理与特点**

噻虫嗪是一种全新结构的第二代烟碱类高效低毒杀虫剂，其作用机理与吡虫啉相似，可选择性抑制昆虫中枢神经系统烟酸乙酰胆碱酯酶受体，进而阻断昆虫中枢神经系统的正常传导，使害虫麻痹死亡。具有触杀、胃毒、内吸活性。与吡虫啉、啶虫脒无交互抗性。既可用于茎叶处理、种子处理，也可用于土壤处理。主要用于叶面喷雾及土壤灌根处理。其施药后迅速被内吸，并传导到植株各部位。

❖ 适用作物与防治方法

适用于菠菜、茶树、大葱、大豆、冬枣、番茄、甘蓝、柑橘、黄瓜、火龙果、韭菜、辣椒、芦笋、葡萄、茄子、芹菜、水稻、丝瓜、桃、西瓜、白菜、油菜、玉米、茭白、豇豆等作物。

- 稻飞虱：若虫发生初盛期，亩用25%水分散粒剂4～5克兑水50升喷雾。
- 蚜虫：70%水分散粒剂8000～10000倍液喷雾。
- 烟粉虱：25%水分散粒剂2500～5000倍液喷雾。
- 蓟马：25%水分散粒剂2000～4000倍液喷雾。
- 梨木虱：25%水分散粒剂10000倍液喷雾。
- 柑橘潜叶蛾：25%水分散粒剂3000～4000倍液喷雾。

专家提醒

1. 害虫停止取食后，死亡速度较慢，通常在施药后2～3天为死虫高峰期。
2. 内吸性强，对蚜虫、飞虱等刺吸式口器的害虫防效理想。
3. 在推荐剂量下使用对作物安全，对蜜蜂高毒，对鱼低毒。

噻螨酮

英文名称　　hexythiazox

其他名称　　尼索朗

主要剂型及含量　　5%可湿性粉剂，5%乳油，5%水乳剂

❖ 作用机理与特点

噻螨酮属噻唑烷酮类杀螨剂，对植物表皮层具有较好的穿透性。对多种植物害螨具有强烈的杀卵、杀若螨的特性，对成螨无效，但对接触到药液的雌成虫所产的卵具有抑制孵化的作用。对叶螨防效好，对锈螨、瘿螨防效较差。

适用作物与防治方法

适用于柑橘等作物。

◎柑橘全爪螨：5%可湿性粉剂1500～2000倍液喷雾。

专家提醒

1. 不宜和拟除虫菊酯杀虫剂混用。

2. 不推荐用于防治锈壁虱，避免长期单一使用，应与其他不同作用机理的杀虫剂交替使用；每季最多使用1次。

3. 对鱼类等水生生物有毒，应远离水产养殖区施药，禁止在河流、池塘等水体中清洗施药器具。

噻嗪酮

英文名称	buprofezin
其他名称	扑虱灵
主要剂型及含量	25%可湿性粉剂，25%、40%悬浮剂

作用机理与特点

噻嗪酮属昆虫生长调节剂类杀虫剂，是一种抑制昆虫生长发育的选择性杀虫剂。主要通过抑制昆虫体内几丁质的合成和干扰新陈代谢，致使若虫蜕皮畸形或翅畸形而缓慢死亡。触杀作用较强，有一定的胃毒作用。

适用作物与防治方法

适用于茶树、番茄、柑橘、火龙果、水稻、杨梅、茭白等作物。

◎稻飞虱：亩用25%可湿性粉剂30～40克喷雾。

◎矢尖蚧：25%可湿性粉剂1000～1500倍液喷雾。

◎介壳虫：40%悬浮剂1500～2500倍液喷雾。

◎烟粉虱：亩用40%悬浮剂20～25毫升喷雾。

> **专家提醒**
> 1. 建议与其他不同作用机理的杀虫剂轮换使用,以延缓抗性产生。
> 2. 对鱼类等水生生物、蜜蜂、家蚕有毒,施药期间应避免对周围蜂群的影响,开花植物花期禁用,蚕室和桑园附近禁用。
> 3. 远离水产养殖区施药,禁止在河流、池塘等水体中清洗施药器具,避免污染水源。

杀虫双

英文名称　　bisultap thiosultapdisodium

主要剂型及含量　18%、25%、29%、30%水剂

❖ 作用机理与特点

杀虫双属沙蚕毒素类杀虫剂,是一种神经毒剂,具有较强的触杀、胃毒作用,并兼有一定的熏蒸和杀卵作用。害虫接触和取食药剂后,最初并无反应,但逐渐表现出迟钝、行动缓慢、失去侵害作物的能力,停止发育、虫体软化、瘫痪,直至死亡。杀虫双有很强的内吸作用,能被植物的叶、根等吸收和传导。

❖ 适用作物与防治方法

适用于大豆、韭菜、水稻、玉米等作物。

◎柑橘潜叶蛾:新梢长2~3毫米即新梢萌发初期,或田间50%嫩芽抽出时,用18%杀虫双水剂600~700倍液喷雾,隔7天左右再喷1次。

◎菜青虫、小菜蛾:幼虫2~3龄盛期前,亩用25%水剂100~150毫升兑水喷雾。

◎二化螟:卵孵化盛末期,亩用18%水剂150~250毫升兑水50千克喷雾,或18%水剂500倍液灌心。

◎茶尺蠖、茶细蛾、小绿叶蝉:18%水剂500倍液喷雾。

> **专家提醒**

　　1.防治小菜蛾，与苏云金杆菌（Bt）混用效果更好。

　　2.水稻施药时应确保田间有3～5厘米水层3～5天，以提高防治效果，切忌干田用药，以免影响药效。

　　3.豆类及白菜、甘蓝等十字花科蔬菜对杀虫双较为敏感，尤以夏天易产生药害。

　　4.对家蚕高毒，蚕室和桑园附近禁用；对鱼类等水生生物有毒；对蜜蜂有毒，开花植物花期禁用。

杀铃脲

英文名称　　triflumuron

主要剂型及含量　　5%、20%、40%悬浮剂，5%乳油

◆ 作用机理与特点

　　杀铃脲属苯甲酰基脲类农药，能抑制昆虫几丁质的合成，导致昆虫不能正常蜕皮而死亡，以胃毒为主，对小菜蛾防治效果较好。

◆ 适用作物与防治方法

　　适用于甘蓝、柑橘等作物。

　　◎小菜蛾：亩用40%悬浮剂15～18毫升兑水喷雾。

　　◎潜叶蛾：40%悬浮剂5000～7000倍液喷雾。

　　◎菜青虫：亩用5%乳油30～50毫升兑水喷雾。

> **专家提醒**

　　1.为迟效性农药，施药后3～4天药效明显增强。

　　2.对蚕高毒，蚕室及桑园附近禁用。对水蚤剧毒，必须远离水产养殖区、河流、池塘等水体附近施药，虾、蟹等养殖区附近禁用，避免污染水源和池塘等水体。

虱螨脲

英文名称	lufenuron
其他名称	美除
主要剂型及含量	5%乳油

❖ 作用机理与特点

虱螨脲属取代脲类杀虫剂，通过抑制害虫几丁质的合成，阻止昆虫表皮的形成，影响害虫蜕皮，使害虫死亡。具有很强的渗透功能，兼具胃毒和触杀作用，杀卵作用较好，不能杀死成虫，但可明显减少其产卵量，降低孵化率，有效降低虫源。

❖ 适用作物与防治方法

适用于菠菜、菜豆、番茄、甘蓝、柑橘、韭菜等作物。

◎ 小卷叶蛾、潜叶蛾、锈壁虱等：5%乳油1000～2000倍液喷雾。

◎ 斜纹夜蛾、甜菜夜蛾、蓟马、棉铃虫、烟青虫、小菜蛾、菜青虫等：5%乳油1500～2000倍液喷雾。

> **专家提醒**
>
> 1. 对鳞翅目害虫有出色的防效，对蓟马、锈壁虱有独特的杀灭机理，适于防治对合成除虫菊酯和有机磷农药产生抗性的害虫。
> 2. 对卵有效，可减少成虫产卵量。
> 3. 耐雨冲刷，即便施用15分钟后下雨也不影响药效。
> 4. 对鱼中等毒性，对蜜蜂低毒。

四聚乙醛

英文名称	metaldehyde
其他名称	密达、灭旱螺、梅塔、蜗牛敌

主要剂型及含量　6%、10%、15%颗粒剂，80%可湿性粉剂，20%悬浮剂

◆ 作用机理与特点

四聚乙醛属具有触杀和胃毒活性的杀软体动物剂。通过螺体吸食或接触到药剂后，促使螺体大量释放乙酰胆碱酯酶，破坏螺体内特殊的黏液，使其大量失水而在短时间内死亡。

◆ 适用作物与防治方法

适用于十字花科蔬菜、水稻等作物。

◎蜗牛：在旱地，亩用6%颗粒剂400～550克撒施或点施、条施，或用80%可湿性粉剂1500～2000倍液喷雾；在水田，亩用6%颗粒剂400～550克撒施，保持2～5厘米水位3～7天。

◎钉螺：钉螺发生期，每平方米用20%悬浮剂10～20克喷洒滩涂、沟渠等处。

专家提醒

1. 对鱼等水生生物较安全，也不被植物体吸收，不会在植物体内积累，但仍应避免过量使用污染水源，造成水生动物中毒。
2. 不能与酸性物质混用，不宜与化肥、农药混合使用。
3. 对鱼中等毒性，对蜜蜂低毒。

四螨嗪

英文名称	clofentezine
主要剂型及含量	500克/升悬浮剂，20%、50%悬浮剂，75%水分散粒剂，20%可湿性粉剂

◆ 作用机理与特点

四螨嗪属杂环类杀螨剂，以触杀作用为主，对卵有极强的杀灭效果，对若螨也有较高的活性，对成螨无效，但能使成螨产卵量减小且大部分不能孵化，同时对锈壁虱、瘿螨也有很好的防效。施药不受低温影响，且高温下作物安全，一般在施药后14天左右达到最高杀螨活性，药效持久，通常药效可维持50～70天，是一种新型高活性杀螨剂。

❖ 适用作物与防治方法

适用于柑橘、梨等作物。

◎ 柑橘全爪螨、朱砂叶螨：500克/升悬浮剂5000～6000倍液喷雾。

专家提醒

1. 在卵孵化前用药效果最佳。在螨的密度大或温度较高时施用，最好与其他杀成螨药剂混用，在气温低（15℃左右）和虫口密度小时施用效果好，持效期长。每年最多使用2次，安全间隔期为29天。

2. 与噻螨酮（尼索朗）有交互抗性，不能交替使用。

3. 对鱼类等水生生物、蜜蜂、家蚕有毒，使用时应避免对周围蜂群的影响，开花植物花期禁用，蚕室和桑园附近禁用。远离水产养殖区用药，禁止在河流、池塘等水体中清洗施药器具。

辛硫磷

英文名称	phoxim
其他名称	倍腈松、肟硫磷
主要剂型及含量	15%、40%、50%乳油，0.3%、3%、5%颗粒剂，20%微乳剂

❖ 作用机理与特点

辛硫磷属硫代磷酸酯类杀虫杀螨剂，是一种胆碱酯酶抑制剂，具有强烈的触杀和胃毒作用，对卵也有一定的杀伤作用，无内吸作用，击倒力强，药效时间不持久，对鳞翅目幼虫很有效。在田间因对光不稳定，很快分解，残留危险小，但在土壤中较稳定，残效期可超过1个月，尤其适用于做土壤处理，杀

灭地下害虫。

❖ 适用作物与防治方法

适用于茶树、白菜、大豆、大蒜、甘蓝、柑橘、萝卜、山药、水稻、油菜、玉米等作物。

◎地下害虫：亩用50%乳油100～165毫升，兑水5～7.5升拌种处理，或亩用5%颗粒剂4～8千克沟施，或用50%乳油1000倍液灌浇和灌心。

> **专家提醒**
>
> 1. 不能与碱性物质混合使用。
> 2. 十字花科蔬菜幼苗易产生药害，黄瓜、菜豆、大豆、西瓜等对该药较敏感，应避免药剂接触上述作物。
> 3. 辛硫磷见光易分解，因此田间使用最好选在夜晚或傍晚，颗粒剂沟施后及时覆土。
> 4. 对鱼中等毒性。

溴氰虫酰胺

英文名称	cyantraniliprole
其他名称	倍内威
主要剂型及含量	10%可分散油悬浮剂，10%悬浮剂

❖ 作用机理与特点

溴氰虫酰胺是继氯虫苯甲酰胺之后的第二代鱼尼丁受体抑制剂类杀虫剂。杀虫谱极广，既能防治咀嚼式口器害虫又能防治刺吸式、锉吸式和舐吸式口器害虫的多谱型杀虫剂。可分散油悬浮剂的剂型设计，增强了对叶片的渗透性和局部内吸传导能力，能够在几分钟内阻止害虫取食，减少害虫对叶片和果实的为害，并降低病毒病的传播，从而有效保证作物的产量和品质。早期施药，可降低外界胁迫，显著提高丰产率。

❖ 适用作物与防治方法

适用于大葱、番茄、甘蓝、黄瓜、辣椒、南瓜、水稻、西瓜、白菜、玉米、豇豆等作物。

- 二化螟、三化螟：亩用10%可分散油悬浮剂20～26毫升，兑水45～60升喷雾。
- 豆野螟、豆荚螟、蓟马：10%可分散油悬浮剂1500～2000倍液喷雾。
- 甜菜夜蛾、斜纹夜蛾、小菜蛾、菜青虫、棉铃虫、美洲斑潜蝇：10%可分散油悬浮剂2000～2500倍液喷雾。
- 烟粉虱、黄曲条跳甲：10%可分散油悬浮剂800～1000倍液喷雾。
- 蚜虫：10%可分散油悬浮剂1000～1500倍液喷雾。

专家提醒

1. 对蜜蜂有毒，在作物花期或作物附近有开花杂草时应慎用。
2. 不推荐在苗床上使用，不宜与乳油类农药混用。
3. 为延缓抗性产生，每季作物使用不超过2次。

乙基多杀菌素

英文名称	spinetoram
其他名称	艾绿士
主要剂型及含量	60克/升悬浮剂，25%水分散粒剂

❖ 作用机理与特点

乙基多杀菌素由刺糖多孢菌（*Saccharopolyspora spinosa*）发酵产生，是多杀霉素的迭代产品，是一种新型多杀菌素类杀虫剂。具有胃毒和触杀作用，作用于昆虫神经中烟碱型乙酰胆碱受体和γ-氨基丁酸受体，致使虫体对兴奋性或抑制性的信号传递反应不敏感，影响正常的神经活动，直至死亡。

◆ 适用作物与防治方法

适用于大葱、甘蓝、黄瓜、茄子、水稻、西瓜、杨梅、玉米、豇豆等作物。

◎小菜蛾、甜菜夜蛾、斜纹夜蛾等：60克/升悬浮剂1500～2000倍液喷雾。

◎稻纵卷叶螟：亩用60克/升悬浮剂20～30毫升兑水喷雾。

◎蓟马：60克/升悬浮剂2000倍液喷雾。

◎美洲斑潜蝇：25％水分散粒剂3000～5000倍液喷雾。

专家提醒

1. 杀虫谱广，高效防治鳞翅目幼虫、蓟马和潜叶蝇。
2. 速效性好，几分钟至数小时即可见效。
3. 建议与其他不同作用机理的杀虫剂轮换使用，延缓抗药性产生。
4. 对鸟类、蜜蜂、蚯蚓和水生动物等低毒。

乙螨唑

英文名称	etoxazole
其他名称	来福禄
主要剂型及含量	15％、20％、30％、110克/升悬浮剂，20％水分散粒剂

◆ 作用机理与特点

乙螨唑属二苯基噁唑啉衍生物，是一种非感温性的触杀型选择性杀螨剂。其作用方式主要抑制几丁质的合成，阻碍螨卵的胚胎形成以及幼螨到成螨的蜕皮过程，因此能有效地防治螨类的整个幼龄期（卵、幼螨和若螨）。对成螨无效，但对雌性成螨具有很好的不育作用。

◆ 适用作物与防治方法

适用于草莓、柑橘、西瓜等作物。

◎瘿螨：110克/升5000～6000倍液喷雾。

◎朱砂叶螨：15％悬浮剂5000～7000倍液喷雾。

> **专家提醒**
>
> 1.最佳的防治时间是害螨发生初期，特别是在卵孵化期用药效果最好，持效期50天左右。在害螨数量偏多时，可与杀成螨的甲氰菊酯、喹螨醚、螺螨酯、联苯肼酯等混合使用。
> 2.具有较好的耐雨水冲刷性，药后2小时如不遇大雨，无须补喷。
> 3.不得与波尔多液混合使用。用过乙螨唑的果园，至少要经过两周才能使用波尔多液。一旦用过波尔多液，应避免再使用乙螨唑，否则会出现烧叶、烧果等药害。
> 4.一些果树品种对该药剂有不良反应，最好先试验后再大面积使用。

茚虫威

英文名称　　indoxacard

其他名称　　安打、全垒打

主要剂型及含量　15%悬浮剂，30%水分散粒剂

❖ 作用机理与特点

茚虫威属噁二嗪类广谱杀虫剂，具有触杀和胃毒作用。通过阻断昆虫神经细胞内的钠离子通道，使神经细胞丧失功能，导致昆虫麻痹而死亡。属低毒杀虫剂，对害虫各龄期幼虫都有效。对人、哺乳动物和鸟类毒性很小，对捕食和寄生天敌影响很小。

❖ 适用作物与防治方法

适用于茶树、大葱、甘蓝、姜、芦笋、十字花科蔬菜、水稻、豇豆等作物。

◎小菜蛾、菜青虫、甜菜夜蛾、棉铃虫：15%悬浮剂3000~5000倍液喷雾。

◎稻纵卷叶螟：亩用15%乳油12~16毫升兑水30~45升喷雾。

> **专家提醒**
>
> 1.建议与不同作用机理的杀虫剂交替使用,每季作物使用不超过3次。
> 2.药液配制时,应先配置成母液,再加入药桶中充分搅拌。配制好的药液要及时喷施,不能长时间放置。
> 3.无内吸性,所以喷雾要均匀、周到,确保药液充分接触虫体,以提高防效。
> 4.安全间隔期短,因此特别适宜于豇豆等连续多次采收的蔬菜和速生叶菜上使用。

唑螨酯

英文名称	fenpyroximate
其他名称	霸螨灵
主要剂型及含量	5%、10%、20%、28%悬浮剂,8%微乳剂

❖ 作用机理与特点

唑螨酯属苯氧吡唑类广谱杀螨剂,对多种害螨有强烈触杀作用,对幼螨活性最高。高剂量时可直接杀死螨类,低剂量时可抑制螨类蜕皮或产卵,并对天敌影响很小。具有击倒和抑制蜕皮作用,无内吸作用,具有较好的速效性和持效性。

❖ 适用作物与防治方法

适用于柑橘、玉米等作物。
◎朱砂叶螨:5%悬浮剂1000~2000倍液喷雾。
◎瘿螨:5%悬浮剂2500~3000倍液喷雾。

专家提醒

1.有顺式结构和反式结构两种,顺式结构杀螨活性高,杀螨速度快。

2.不能与石硫合剂等碱性农药混用。

3.对家蚕有毒,桑园、蚕室周围禁用。

第二节 杀菌剂

氨基寡糖素

英文名称	oligosaccharins
其他名称	壳寡糖
主要剂型及含量	2%、5%水剂

◆ 作用机理与特点

氨基寡糖素是微生物代谢物中提取的一种具有抗病作用的杀菌剂，对病菌具有强烈抑制作用，能对一些病菌的生长产生抑制作用，影响真菌孢子萌发，诱发菌丝形态发生变异、孢内生化发生改变等；对植物有诱导抗病作用，能激发植物体内基因表达而产生具有抗病作用的几丁酶、葡聚糖酶、植保素及PR蛋白，同时也具有细胞活化作用，有助于受害植株的恢复，促根壮苗，增强作物的抗逆性，促进植物生长发育。

◆ 适用作物与防治方法

适用于白菜、番茄、柑橘、黄瓜、辣椒、梨、芦笋、葡萄、水稻、西瓜、玉米、猕猴桃等作物。

◎番茄病毒病：亩用5%水剂90～100毫升兑水喷雾。
◎辣椒病毒病：亩用5%水剂35～50毫升兑水喷雾。
◎西瓜枯萎病：亩用5%水剂50～60毫升兑水喷雾。

> **专家提醒**
>
> 1. 氨基寡糖素被土壤中的微生物降解为水和二氧化碳，无残留，不污染环境；具有药效和肥效。
> 2. 宜在傍晚或阴天使用，避免与碱性农药混用。
> 3. 使用时勿随意改变稀释倍数，如有沉淀，用前摇匀即可，不影响使用效果。
> 4. 作物安全间隔期为3～7天，每季作物最多使用3次。
> 5. 避开蜜蜂、家蚕、水生生物等养殖区域。

苯醚甲环唑

英文名称	difenoconazole
其他名称	世高
主要剂型及含量	10%、37%水分散粒剂，25%、30克/升、250克/升悬浮种衣剂，40%悬浮剂

❖ 作用机理与特点

苯醚甲环唑属三唑类杀菌剂，为甾醇脱甲基化抑制剂。其作用机理是抑制细胞壁甾醇的生物合成，阻止真菌的生长。该药剂为广谱性杀菌剂，有保护和治疗作用，具有强烈的内吸性，持效期长，对作物安全。

❖ 适用作物与防治方法

适用于小麦、黄瓜、梨、西瓜、辣椒、水稻、番茄、葡萄、草莓等作物。

◎小麦黑穗病：每100千克种子，用30克/升悬浮种衣剂200～400毫升种子包衣。

◎黄瓜白粉病：亩用10%水分散粒剂50～80克兑水喷雾。

◎梨黑星病：10%水分散粒剂6000～7000倍液喷雾。

◎西瓜、辣椒炭疽病：发病前或发病初期，亩用10%水分散粒剂60克兑水喷雾,间隔7~10天施药1次,连续施药2~3次。

◎水稻纹枯病、稻曲病:分别在拔节、孕穗和抽穗期,亩用40%悬浮剂15~25毫升兑水喷雾,15天再喷雾1次,可有效控制纹枯病和稻曲病。

◎番茄早疫病:发病初期,亩用10%水分散粒剂70~100克兑水喷雾。

专家提醒

1. 本药剂易燃,注意贮存。

2. 不宜与铜制剂混用,否则会影响防治效果。

3. 历年农残检测结果表明,由于苯醚甲环唑在自然条件降解速率较慢,在草莓、葡萄等水果中极易检出,甚至超标,建议适当延长安全间隔期。

4. 属低毒杀菌剂,对眼睛有轻微刺激性,对人类和其他哺乳动物、鸟类和大多数水生生物有中等毒性,对蜜蜂无毒。

吡唑醚菌酯

英文名称　　pyraclostrobin

其他名称　　凯润、唑菌胺酯

主要剂型及含量　　20%水分散粒剂,250克/升乳油,25%、30%悬浮剂

❖ 作用机理与特点

吡唑醚菌酯属甲氧基丙烯酸酯类杀菌剂,主要通过抑制线粒体呼吸,干扰真菌能量合成。该药具有保护和治疗作用,且功效迅速、持效期长。此外,还具有明显的促植物健康作用。

❖ 适用作物与防治方法

适用于白菜、菜瓜、草莓、茶树、大白菜、大葱、大豆、大蒜、番茄、柑橘、黄瓜、火龙果、姜、苦瓜、辣椒、梨、芦笋、葡萄、山药、水稻、丝瓜、桃、甜瓜、西瓜、西葫芦、杨梅、叶用莴苣、玉米、猕猴桃、豇豆等作物。

◎ 黄瓜霜霉病、白粉病、蔓枯病：发病初期，亩用250克/升乳油20~40毫升兑水30~45升喷雾。

◎ 白菜炭疽病：发病前或发病初期，亩用25%乳油30~50毫升兑水30~45升喷雾。

◎ 西瓜炭疽病：亩用250克/升乳油15~30毫升兑水30~45升喷雾。

◎ 茶树炭疽病：250克/升乳油1000~2000倍液喷雾。

◎ 玉米大斑病：亩用250克/升乳油30~50毫升兑水30~45升喷雾。

◎ 草莓白粉病：发病初期，亩用20%水分散粒剂40~50克兑水喷雾。

专家提醒

1. 不与碱性杀菌剂、乳油、有机硅混用。

2. 该药能降低植物呼吸作用，增强光合作用，因而可提高作物品质，增加产量。

3. 属中等毒性杀菌剂，对作物施用安全，对其他有益生物如蜜蜂、鸟类等低毒，但对鱼剧毒。

丙环唑

英文名称　　　propiconazol

其他名称　　　敌力脱、赛纳松、秀特

主要剂型及含量　25%、250克/升乳油，25%水乳剂

❖ 作用机理与特点

丙环唑是一种具有治疗和保护双重作用的内吸性三唑类杀菌剂。其作用机理是通过抑制麦角甾醇生物合成，来抑制或干扰菌体附着胞及吸器的发育、孢子形成和破坏菌丝细胞结构。可被根、茎、叶部吸收，并能很快地在植株体内向上传导，可有效防治大多数高等真菌引起的病害，但对卵菌类病害无效。

◆ 适用作物与防治方法

适用于大豆、冬枣、辣椒、莲藕、花生、马铃薯、水稻、小麦、油菜、玉米、茭白、枇杷等作物。

◎水稻纹枯病：发病初期，亩用250克/升乳油30~60毫升兑水50升喷雾，间隔10天防治1次，连续2~3次。

◎花生叶斑病、辣椒叶斑病：在发病初期，用250克/升乳油2500倍液喷雾，间隔14天防治1次，连续2~3次。

◎小麦白粉病：在发病初期，亩用250克/升乳油30~50毫升喷雾。

专家提醒

1. 可以和大多数酸性农药混配使用。
2. 花期、苗期、幼果期、嫩梢期慎用。
3. 属低毒杀菌剂，对人、畜、鱼低毒。

春雷霉素

英文名称	kasugamycin
其他名称	春日霉素、加收米
主要剂型及含量	2%、6%可湿性粉剂，2%水剂，20%水分散粒剂

◆ 作用机理与特点

春雷霉素属农用抗菌素类低毒杀菌剂，其作用机理是干扰氨基酸代谢的酯酶系统，从而影响蛋白质的合成，抑制菌丝伸长和造成细胞颗粒化，使病原菌失去繁殖和侵染能力。但对孢子萌发无影响。具有保护、治疗作用，以及较强的内吸活性与渗透性，并能在植物体内移动，喷药后见效快，耐雨冲刷，持效期长，且能使施药后的瓜类叶色浓绿并延长收获期。

◆ 适用作物与防治方法

适用于大白菜、番茄、柑橘、黄瓜、辣椒、马铃薯、葡萄、茄子、水稻、桃、甜瓜、西瓜、西兰花、猕猴桃等作物。

◎水稻稻瘟病：防治叶瘟，在发病初期，亩用2%水剂80~100毫升，兑水65~80升喷雾，施药7天后，视病情发展可再喷1次；防治穗颈瘟，在水稻破口期和齐穗期，亩用2%水剂100毫升，兑水80~100升，各喷雾1次。

◎番茄早疫病：发病初期，亩用2%水剂100~120毫升，兑水65~80升喷雾。

◎番茄叶霉病、黄瓜细菌性角斑病：发病初期，亩用2%水剂140~170毫升，兑水60~80升喷雾，以后每隔7天防治1次，连续防治3次。

◎辣椒细菌性疮痂病：发病初期，亩用2%水剂100~130毫升，兑水60~80升喷雾，每隔7天防治1次，连续防治2~3次。

> **专家提醒**
>
> 1. 该药不能与碱性农药等混用、混放。
> 2. 杉树（特别是苗）、藕及大豆等对该药剂敏感，施药时要预防药液漂移。
> 3. 建议与其他不同作用机理的杀菌剂交替使用。
> 4. 对鱼中等毒性，对蜜蜂低毒。

代森联

英文名称　　metriam

其他名称　　品润

主要剂型及含量　　60%、70%水分散粒剂，70%可湿性粉剂，70%干悬浮剂

❖ 作用机理与特点

代森联是一种优良的保护性杀菌剂，属低毒农药。其作用机理是抑制酶复合，通过影响病菌细胞内多种酶的活性，阻止病菌孢子萌发，干扰病菌芽管生长，使病菌无法侵染植物组织。杀菌谱广、不易产生抗性，防治梨黑星病、瓜菜类疫病、霜霉病、大田作物锈病等效果显著。

❖ 适用作物与防治方法

适用于大白菜、大蒜、番茄、柑橘、花生、黄瓜、姜、辣椒、梨、马铃薯、葡萄、桃、甜瓜、西瓜、枣等作物。

◎ 枣树、梨等果树叶斑病、锈病、黑星病、霜霉病等病害：70%水分散粒剂1000倍液喷雾。

◎ 瓜类疫病、霜霉病、炭疽病：70%水分散粒剂600～800倍液喷雾。

◎ 番茄、马铃薯疫病、炭疽病、叶斑病：70%可湿性粉剂400～600倍液喷雾。

◎ 蔬菜立枯病、猝倒病：70%可湿性粉剂，按种子重量的0.1%～0.5%拌种。

◎ 白菜霜霉病：70%水分散粒剂500～600倍液喷雾。

专家提醒

1. 贮藏时应注意防止高温，并要保持干燥，以免在高温、潮湿条件下使药剂分解，降低药效。

2. 为提高防治效果，可与多种农药、化肥混合使用，但不能与碱性的农药、化肥或含铜的溶液混用。

3. 药剂对皮肤、黏膜有刺激作用，使用时注意个人保护。

代森锰锌

英文名称	mancozeb
其他名称	喷克、大生M-45、新万生
主要剂型及含量	50%、70%、80%、85%可湿性粉剂，70%、75%水分散粒剂，30%、40%悬浮种衣剂

❖ 作用机理与特点

代森锰锌属二硫代氨基甲酸盐类保护性杀菌剂，低毒。其作用机理是抑制病菌代谢过程中丙酮酸的氧化而导致病菌死亡，杀菌范围广，该抑制过程具有六个作用位点不易产生抗性，锰、锌微量元素对作物有明显的促壮、增产作用。具有一定的内吸性，可采用种子处理和撒颗粒剂等方式施药。

❖ 适用作物与防治方法

适用于白菜、大豆、番茄、柑橘、花生、花椰菜、黄瓜、辣椒、梨、芦笋、马铃薯、葡萄、甜瓜、西瓜、小麦、杨梅、樱桃、芋头、枣、豇豆等作物。

- 番茄早疫病：亩用70%可湿性粉剂175～225克兑水喷雾。
- 黄瓜霜霉病：亩用80%可湿性粉剂210～250克兑水喷雾。
- 樱桃褐斑病：80%可湿性粉剂600～1200倍液喷雾。
- 柑橘疮痂病：亩用80%可湿性粉剂111～167克兑水喷雾。
- 梨树黑星病：亩用80%水分散粒剂67～134克兑水喷雾。
- 西瓜炭疽病：亩用80%可湿性粉剂130～210克兑水喷雾。

专家提醒

使用时应注意事项同代森联。

代森锌

英文名称	zineb
主要剂型及含量	65%、80%可湿性粉剂，65%水分散粒剂，5%、10%乳油，60%悬浮种衣剂

❖ 作用机理与特点

代森锌属二硫代氨基甲酸酯类广谱保护性杀菌剂，有硫化物的臭味，对作物安全。其作用机理是通过被氧化成的异硫氰化合物对病菌体内含有-SH基的酶的强烈抑制作用，从而抑制孢子萌发、阻止病菌侵入植物体内，可直接杀死病菌孢子，但对已侵入植物体内的病菌基本无杀伤作用。在光、热和潮湿情况下不稳定，易分解产生二硫化碳而逐渐失效，持效期短，约为7天。

吸湿性强,在潮湿空气中能吸收水分而分解失效。在浓溶液中形成聚合沉淀后,会失去杀菌活性。

❖ 适用作物与防治方法

适用于茶树、番茄、柑橘、花生、黄瓜、梨、芦笋、马铃薯、蔬菜、西瓜、油菜等作物。

- ◎ 番茄早疫病:亩用80%可湿性粉剂212.5～300克兑水喷雾。
- ◎ 马铃薯早疫病:亩用80%可湿性粉剂80～100克兑水喷雾。
- ◎ 芦笋茎枯病:亩用65%可湿性粉剂120～150克兑水喷雾。
- ◎ 茶树炭疽病:80%可湿性粉剂500～700倍液喷雾。
- ◎ 花生叶斑病:亩用80%可湿性粒剂62.5～80克兑水喷雾。
- ◎ 黄瓜霜霉病:亩用65%可湿性粒剂200～308克兑水喷雾。

专家提醒

1. 葫芦科蔬菜对锌敏感,用药时要严格控制使用浓度。
2. 不能与碱性农药混用。
3. 受潮、受热易分解,应存置阴凉干燥处,容器严加密封。
4. 使用时注意不让药液溅入眼、鼻、口等,用药后要用肥皂洗净脸和手。

稻瘟灵

英文名称	isoprothiolane
其他名称	富士一号
主要剂型及含量	30%、40%乳油,40%可湿性粉剂

❖ 作用机理与特点

稻瘟灵属二硫类杀菌剂,其作用机理是通过抑制纤维素酶的形成,而阻止菌丝进一步生长。具有内吸、预防、治疗作用,可通过根和叶吸收,上下双向传导、持效期较长、抗雨水冲刷、毒性较低等特点。

❖ 适用作物与防治方法

适用于水稻、西瓜、玉米等作物。

◎ 水稻叶瘟病：发病前或发病初期，亩用40%可湿性粉剂70～150克兑水70升喷雾。

◎ 水稻穗瘟病：抽穗期和齐穗期，亩用40%可湿性粉剂70～150克兑水70升喷雾。

专家提醒

1. 不能与强碱性农药混用。
2. 兼有杀虫作用，可明显降低水稻稻飞虱和叶蝉的虫口密度。
3. 对蜜蜂低毒，对鱼中等毒性，鱼塘附近慎用。

啶酰菌胺

英文名称	boscalid
其他名称	凯泽
主要剂型及含量	50%水分散粒剂

❖ 作用机理与特点

啶酰菌胺属新型烟酰胺类内吸性杀菌剂，杀菌谱较广，具有保护和治疗作用。其作用机理是通过抑制线粒体琥珀酸酯脱氢酶活性，从而阻碍三羧酸循环，使氨基酸、糖缺乏，能量减少，干扰细胞的分裂和生长。与苯并咪唑类、酰亚胺类等常用药剂无交互抗性，对抗药性真菌有较高防效。

❖ 适用作物与防治方法

适用于草莓、番茄、柑橘、花生、黄瓜、马铃薯、葡萄、桃、甜瓜、西瓜、杨梅、油菜等作物。

◎白粉病、灰霉病、菌核病等：病害发生初期，用50%水分散粒剂1000～1500倍液兑水喷雾。

> **专家提醒**
>
> 1.高温、干燥条件下施药，易引起黄瓜等烧叶、烧果现象；葡萄等果树上施药，要避免与渗透展开剂、叶面液肥等混用。
>
> 2.该药具有良好的耐雨性和出色的渗透传导作用，持效性久，因此可明显减少施药次数，有利于减少农田环境污染并提高农产品质量安全。
>
> 3.属低毒杀菌剂，对眼、皮肤无刺激作用，对蜜蜂、鸟、蚯蚓、家蚕等均无影响。

啶氧菌酯

英文名称	picoxystrobin
其他名称	阿砣
主要剂型及含量	70%水分散粒剂，22.5%、30%悬浮剂，10%微囊悬浮剂

◆ 作用机理与特点

啶氧菌酯属甲氧基丙烯酸酯类杀菌剂，是一种线粒体呼吸抑制剂，即通过在细胞色素b和c1间电子转移抑制线粒体的呼吸。防治对象广谱，具有内吸活性和熏蒸活性，施药后有效成分可有效再分配及充分传导。可有效防治对14-脱甲基化酶抑制剂、苯甲酰胺类、三羧酰胺类和苯并咪唑类产生抗性的菌株。

◆ 适用作物与防治方法

适用于茶树、番茄、柑橘、花生、黄瓜、辣椒、马铃薯、葡萄、水稻、西瓜、小麦、杨梅、枣等作物。

◎黄瓜霜霉病：70%水分散粒剂4000～5000倍液喷雾。

- 西瓜炭疽病：亩用22.5%悬浮剂40～45毫升兑水喷雾。
- 辣椒炭疽病：亩用22.5%悬浮剂28～33毫升兑水喷雾。

多菌灵

英文名称	carbendazim
主要剂型及含量	25%、40%、50%、80%可湿性粉剂，75%、80%、90%水分散粒剂，5%、10%乳油，40%悬浮剂

❖ **作用机理与特点**

多菌灵属苯并咪唑类杀菌剂，主要通过干扰病原菌有丝分裂中纺锤体的形成，影响细胞分裂，而起到杀菌作用。有一定的内吸性，可以有效防治由真菌引起的多种作物病害。在我国的使用范围广泛，但其残留能引起肝病和染色体畸变，对哺乳动物有毒害。

❖ **适用作物与防治方法**

适用于大豆、番茄、甘薯、柑橘、花生、黄瓜、辣椒、梨、莲藕、麦类、果树、葡萄、茄子、水稻、甜瓜、西瓜、油菜、玉米、枇杷等作物。
- 水稻稻瘟病：亩用25%可湿性粉剂200～250克兑水喷雾。
- 麦类赤霉病：亩用25%可湿性粉剂200克兑水喷雾。

> **专家提醒**
>
> 1. 可采用种子处理和撒颗粒剂等方式施药。一般亩用有效成分3～10克，兑水喷雾或拌种。
> 2. 不能与强碱性药剂或含铜药剂混用。
> 3. 不要长期单一使用多菌灵，也不能与甲基硫菌灵等同类药剂轮用。

噁霉灵

英文名称	hymexazol
其他名称	绿亨一号、土菌消、土菌克、绿佳宝
主要剂型及含量	15%、30%水剂，0.1%颗粒剂，70%可溶粉剂，80%水分散粒剂

❖ **作用机理与特点**

噁霉灵属噁唑类杀菌剂，是DNA/RNA合成抑制剂，主要用于土壤处理。药剂由植物的根和萌芽种子吸收，传导到其他组织，在生长早期可预防多种真菌病害。噁霉灵在植物体内代谢可形成N-葡糖苷和O-葡糖苷两种产物，可促进细胞生长、形成分枝、根的生长及增加根毛。

❖ **适用作物与防治方法**

适用于大豆、黄瓜、黄精、辣椒、马铃薯、水稻、甜菜、甜瓜、西瓜、油菜、玉米等作物。

◎西瓜枯萎病：亩用0.1%颗粒剂35～40千克土壤撒施。

◎水稻立枯病：每平方米用15%水剂6～12毫升苗床、育秧箱土壤处理，或每平方米用30%水剂4.5～6克浇灌苗床。

专家提醒

1. 主要用于防治多种作物的枯萎病、立枯病等土壤传播病害。
2. 不宜用噁霉灵浸种。
3. 对鱼、蜜蜂低毒。

噁唑菌酮

英文名称	Famoxadone
主要剂型及含量	30%、50%水分散粒剂，25%悬浮剂

❖ 作用机理与特点

噁唑菌酮属噁唑类杀菌剂,是一种能量抑制剂,即线粒体电子传递抑制剂,主要通过抑制病原菌细胞中线粒体的电子转移,造成氧化磷酸化作用的停止,使病原菌细胞丧失能量来源而死亡。

❖ 适用作物与防治方法

适用于白菜、大白菜、番茄、柑橘、黄瓜、辣椒、荔枝、马铃薯、葡萄、西瓜等作物。

- 葡萄霜霉病:50%水分散粒剂600~800倍液喷雾。
- 马铃薯、番茄晚疫病:亩用30%水分散粒剂30~40克兑水喷雾。
- 黄瓜霜霉病:亩用50%水分散粒剂20~40克兑水喷雾。

> **专家提醒**
>
> 1.不可与强碱性物质混合使用,建议与其他不同作用的杀菌剂轮换作用,以延缓病菌抗性产生。
>
> 2.对藻类毒性较高,应远离水产养殖区、河流、池塘等水体施药。禁止在河流、池塘等水体中清洗施药器具。

粉唑醇

英文名称 flutriafol

主要剂型及含量 25%悬浮剂,50%可湿性粉剂,12.5%、40%、250克/升悬浮剂

❖ 作用机理与特点

粉唑醇属三唑类杀菌剂,通过抑制麦角甾醇的生物合成,引起真菌细胞壁破裂和抑制菌丝生长。具有铲除、保护、触杀和内吸活性,对担子菌和子囊菌引起的多种病害具有良好的保护和治疗作用,可有效地防治白粉病、锈病、黑穗病等。

❖ 适用作物与防治方法

适用于草莓、水稻、小麦等作物。

◎小麦锈病：亩用25%悬浮剂20~24毫升兑水喷雾。

◎小麦条锈病：亩用50%可湿性粉剂8~12克兑水喷雾。

◎小麦赤霉病：亩用250克/升悬浮剂20~30毫升兑水喷雾。

◎草莓白粉病：亩用12.5%悬浮剂30~60毫升兑水喷雾。

◎小麦白粉病：亩用12.5%悬浮剂30~60毫升或40%悬浮剂10~15毫升兑水喷雾。

专家提醒

1.对鸟类、蜜蜂有毒，开花植物花期禁用，鸟类取食区及保护区附近禁用。

2.对鱼等水生生物有毒，远离水产养殖区施药，禁止在河流、池塘等水体中清洗施药器具。

氟吡菌胺

英文名称　　　　fluopicolide

主要剂型及含量　　20%悬浮剂

❖ 作用机理与特点

氟吡菌胺属吡唑酰胺类广谱杀菌剂，属琥珀酸脱氢酶抑制剂。该药保护性好、渗透性强，具有优良的系统传导性和较强的薄层穿透力，能从植物叶基向叶尖方向传导，对病原菌各主要形态均有较好的抑制作用。由于药剂能够经叶面快速吸收，所以耐雨水冲刷，能为雨季蔬菜防病提供可靠保障。

❖ 适用作物与防治方法

适用于大白菜、番茄、黄瓜、辣椒、马铃薯、葡萄、甜瓜、西瓜等作物。

◎番茄晚疫病：亩用20%悬浮剂25~35毫升兑水喷雾。

> **专家提醒**
>
> 1. 不可与碱性农药等混合使用。
> 2. 对蜜蜂、家蚕、鱼类有毒，蜜源作物花期禁用，蚕室和桑园附近禁用。赤眼蜂、瓢虫等天敌放飞区禁用。远离水产养殖区施药，禁止在河流、池塘等水体中清洗施药器具。

氟吡菌酰胺

英文名称	fluopyram
其他名称	路富达
主要剂型及含量	41.7%悬浮剂

◆ 作用机理与特点

氟吡菌酰胺属吡啶乙基苯酰胺类杀线虫剂，具有很强的杀线虫活性。其主要作用于线粒体呼吸链，抑制琥珀酸脱氢酶（复合体Ⅱ）的活性，从而阻断电子传递和能量形成，干扰其呼吸作用。当线虫经氟吡菌酰胺处理后，虫体僵直成针状，活力急剧下降。

◆ 适用作物与防治方法

适用于草莓、番茄、柑橘、黄瓜、苦瓜、辣椒、梨、马铃薯、葡萄、茄子、甜瓜、西瓜、杨梅、樱桃、猕猴桃、枇杷、豇豆等作物。

◎黄瓜、番茄根结线虫：番茄移栽当天，黄瓜移栽后15天，亩用41.7%悬浮剂70～100毫升灌根，每株灌足400毫升，药液需覆盖根系区域。

> **专家提醒**
>
> 1. 对环境友好，对蜜蜂无不良影响。
> 2. 杀线虫谱广，施用方法灵活，可在多种种植环境（大棚／露天）下根据农事要求选择施药方法（滴灌、灌根、沟施、土壤混施等）。

氟啶胺

英文名称　　　　fluazinam
主要剂型及含量　50%、500克/升悬浮剂，50%、70%、80%水分散粒剂

❖ 作用机理与特点

氟啶胺属二硝基苯胺类杀菌剂，能抑制感染过程中病原体孢子的萌发、菌丝的生长和孢子的形成。无治疗效果和内吸活性，是广谱高效的保护性杀菌剂。对交链孢属、疫霉属、单轴霉属、核盘菌属和黑星菌属的病原菌以及抗苯并咪唑和二羧酰亚胺类杀菌剂的灰葡萄孢均有良好的防效，对由根霉菌引起的水稻猝倒病有很好的防治效果。极耐雨水冲刷，残效期长。此外，兼有控制植食性螨类的作用。

❖ 适用作物与防治方法

适用于草莓、大白菜、番茄、柑橘、黄瓜、黄精、辣椒、马铃薯、水稻、油菜等作物。

◎柑橘树树脂病（沙皮病）：500克/升悬浮剂1000～2000倍液喷雾。

◎马铃薯晚疫病：亩用70%水分散粒剂20～28克，或50%水分散粒剂27～33克，或50%悬浮剂25～35毫升喷雾。

◎番茄灰霉病：亩用50%水分散粒剂27～33克兑水喷雾。

◎番茄晚疫病：亩用50%水分散粒剂25～35克兑水喷雾。

◎柑橘全爪螨：500克/升悬浮剂1500～2000倍液喷雾。

> **专家提醒**
>
> 1. 对鱼高毒，水体附近施药应注意流失或漂移。
> 2. 喷药时请将药液均匀地喷雾到植株全部叶片的正反面，以保证药效。

氟环唑

英文名称	epoxiconazole
其他名称	欧博
主要剂型及含量	12.5%、30%、125克/升悬浮剂，50%、70%水分散粒剂

◆ 作用机理与特点

氟环唑属三唑类杀菌剂，是甾醇生物合成中14α-去甲基化酶抑制剂，具有很好的保护、治疗和铲除活性作用。内吸性强，可迅速被植株吸收并传导至感病部位，使病害侵染立即停止，局部施药防治彻底。持效期长，如在谷物上的抑菌作用可达40天以上。既能有效控制病害，又能增强作物本身的抗病性。

◆ 适用作物与防治方法

适用于大豆、柑橘、花生、葡萄、水稻、小麦、玉米等作物。

◎水稻稻曲病、纹枯病：亩用30%悬浮剂15～20克兑水喷雾。

◎小麦锈病：亩用30%悬浮剂20～25毫升或70%水分散粒剂8～12克兑水喷雾。

> **专家提醒**
>
> 1.在小麦上的安全间隔期为30天，每季最多使用2次。
>
> 2.建议与其他不同作用机理的杀菌剂轮换使用。
>
> 3.不可随意提高使用剂量，高浓度时存在药害风险，易引起叶片老化甚至枯死。

氟菌唑

英文名称	triflumizole
其他名称	特富灵
主要剂型及含量	30%、35%、40%可湿性粉剂

❖ 作用机理与特点

氟菌唑属三唑类杀菌剂，为麦角甾醇脱甲基化抑制剂。具有预防、治疗、铲除效果，内吸作用传导性好，抗雨水冲刷。

❖ 适用作物与防治方法

适用于草莓、黄瓜、梨、葡萄、西瓜等作物。

◎黄瓜白粉病：亩用40%可湿性粉剂12～16克兑水喷雾。

专家提醒

1. 该药对鱼类有一定毒性，防止污染池塘。
2. 黄瓜上安全间隔期仅2天，每季最多使用2次。

氟硅唑

英文名称	flusilazole
其他名称	福星、克菌星
主要剂型及含量	40%、400克/升乳油，8%微乳剂，20%可湿性粉剂，10%、20%水乳剂

❖ 作用机理与特点

氟硅唑属三唑类内吸性杀菌剂，主要作用机理是甾醇脱甲基化抑制剂，破坏和阻止病菌的细胞膜重要组成成分麦角甾醇的生物合成，导致细胞膜无法形成，使病菌死亡。具有保护和治疗作用，渗透性强，可防治子囊菌、担子菌及部分半知菌引起的病害。

❖ 适用作物与防治方法

适用于菜豆、番茄、柑橘、黄瓜、梨、葡萄、玉米等作物。

◎梨黑星病：40%乳油8000～10000倍液喷雾。

◎黄瓜黑星病：亩用40%乳油7.5～12.5毫升兑水喷雾。

◎梨轮纹病：40%乳油8000倍液喷雾。
◎蔬菜白粉病：40%乳油6000～8000倍液喷雾。

> **专家提醒**
>
> 1.酥梨类品种在幼果期对此药敏感，易引起药害，应谨慎使用。
> 2.储藏及运输时，务必远离火源。
> 3.误服者不能引吐和服麻黄碱等药物。药液溅入眼睛，立即用大量清水冲洗至少15分钟，再请医生诊治。

氟吗啉

英文名称　　flumorph

其他名称　　灭克

主要剂型及含量　　20%可湿性粉剂，30%悬浮剂，60%水分散粒剂

◆ 作用机理与特点

氟吗啉属丙烯酰吗啉类杀菌剂，内吸性好，具有保护及治疗作用。其作用机理是抑制病原菌麦角甾醇的生物合成。而氟原子特有的性能如模拟效应、电子效应、阻碍效应、渗透效应，使含有氟原子的氟吗啉的防病杀菌效果倍增，活性显著高于同类产品。

◆ 适用作物与防治方法

适用于番茄、黄瓜、辣椒、荔枝、马铃薯、葡萄等作物。

◎番茄晚疫病：发病初期或发病前，亩用30%悬浮剂30～40毫升兑水喷雾。

◎马铃薯晚疫病：发病初期或发病前，亩用30%悬浮剂30～45毫升兑水喷雾。

◎黄瓜霜霉病：发病初期或发病前，亩用30%悬浮剂25～50毫升兑水喷雾。

专家提醒

1. 安全间隔期不低于3天，每季作物最多使用3次。
2. 勿与铜制剂或碱性药剂等混用。
3. 对鱼中等毒性，对蜜蜂低毒。

氟酰胺

英文名称	flutolanil
其他名称	望佳多、纹枯胺、氟担菌宁
主要剂型及含量	20%可湿性粉剂

❖ 作用机理与特点

氟酰胺属新苯酰替苯胺类杀菌剂，为琥珀酸脱氢酶抑制剂，抑制天门冬氨酸盐和谷氨酸盐的合成。具有保护和治疗作用，内吸性好，阻碍受感染体内菌的生长和穿透。主要防治担子菌类病原菌危害，防治水稻纹枯病、马铃薯黑粗皮病、蔬菜幼苗立枯病等。

❖ 适用作物与防治方法

适用于花生、黄瓜、马铃薯、水稻等作物。

◎花生白绢病：亩用20%可湿性粉剂90～110克兑水喷雾。

◎水稻纹枯病，亩用20%可湿性粉剂100～125克兑水喷雾，或用20%可湿性粉剂7.5～15克/千克种子拌种。

氟唑环菌胺

英文名称	sedaxane
主要剂型及含量	44%悬浮种衣剂

❖ 作用机理与特点

氟唑环菌胺属吡唑酰胺类杀菌剂，作用机理是抑制琥珀酸脱氢酶活性，内吸性好，具有保护和治疗作用，以保护作用为主，对丝核菌引起的病害特别有效，在预防种子腐烂方面有优异活性。

❖ 适用作物与防治方法

适用于水稻、马铃薯、玉米、小麦等作物。

◎玉米丝黑穗病、黑粉病：每100千克种子，用44%悬浮种衣剂30～90毫升进行种子包衣。

> **专家提醒**
>
> 1. 播种后必须覆土，严禁畜禽进入。
> 2. 目前均登记为种子处理剂，适宜防控土传或种传病害。

腐霉利

英文名称	procymidone
其他名称	速克灵
主要剂型及含量	50%、80%可湿性粉剂，20%、35%、43%、悬浮剂

❖ 作用机理与特点

腐霉利能抑制病菌体内甘油三酯的合成，具有保护和一定的治疗作用。对作物的保护作用突出，持效期长，能有效阻止病斑的发展。与多菌灵、代森锰锌等杀菌机理完全不同，在苯并咪唑类药剂（如多菌灵）防治效果差的情况下，可用腐霉利代替。

❖ 适用作物与防治方法

适用于番茄、黄瓜、韭菜、葡萄、油菜等作物。

◎黄瓜灰霉病：50%可湿性粉剂1000～1500倍液喷雾。

◎番茄灰霉病：亩用35%悬浮剂75～125克或50%可湿性粉剂35～50克兑水喷雾。

◎葡萄灰霉病：50%可湿性粉剂1000～1500倍液，或20%悬浮剂400～500倍液喷雾。

专家提醒

1.易产生抗药性，不宜连续使用，可与其他作用机理的农药交替使用，延缓抗药性的产生。

2.不能与强碱性药物如波尔多液、石硫合剂混用，也不要与有机磷农药混配使用。

3.在发病前或发病初期用药，错过时间影响药效。

咯菌腈

英文名称	fludioxonil
其他名称	适乐时、卉友
主要剂型及含量	25克/升悬浮种衣剂，50%可湿性粉剂

❖ 作用机理与特点

咯菌腈属苯基吡咯类杀菌剂，作用机理主要是通过抑制葡萄糖磷酰化有关的运转，来抑制真菌菌丝体的生长，最终导致病菌死亡。该药剂高效、广谱，具触杀性、持效期长，且不易与其他杀菌剂产生交互抗性，对下茬作物安全。主要用于种子处理，可防治大部分种子带菌及土壤传播的真菌病害；还可用于粮食作物、蔬菜作物等的叶面处理。处理种子时安全性好，在土壤中稳定，易在种子及幼苗根际形成保护区，可提供长期保护，以防止病菌入侵。

❖ 适用作物与防治方法

适用于草莓、大白菜、大豆、番茄、花生、黄瓜、辣椒、马铃薯、葡萄、水稻、西瓜、小麦、玉米等作物。

◎大豆根腐病、花生根腐病：每100千克种子，用25克/升悬浮种衣剂600～800毫升进行种子包衣。

◎水稻恶苗病：每100千克种子，用25克/升悬浮种衣剂400～600毫升进行包衣或200～300毫升兑水浸种。

◎小麦根腐病：每100千克种子，用25克/升悬浮种衣剂150～200毫升进行包衣。

◎小麦腥黑穗病：每100千克种子，用25克/升悬浮种衣剂100～200毫升进行包衣。

◎西瓜枯萎病：每100千克种子，用25克/升悬浮种衣剂400～600毫升进行包衣。

> **专家提醒**
>
> 1.咯菌腈与吡唑醚菌酯、苯醚甲环唑之间无交互抗性关系，而与异菌脲和腐霉利之间存在正交互抗性关系，可与吡唑醚菌酯、苯醚甲环唑等药剂交替使用，而在异菌脲、腐霉利等药剂产生抗性的地区，应慎用或者不用。
>
> 2.经处理种子播后必须盖土。经处理种子不能用来饲喂禽畜，严禁用来加工饲料或食品。
>
> 3.该药为低毒杀菌剂，对人、畜低毒，对鱼中等毒性。

甲基硫菌灵

英文名称　　thiophanate-methyl

其他名称　　甲基托布津

主要剂型及含量　　50%、70%可湿性粉剂，36%、50%、500克/升悬浮剂

❖ 作用机理与特点

甲基硫菌灵属苯并咪唑类内吸性杀菌剂，施用后在植物体内转化为多菌

灵，抑制病原真菌菌丝、芽管或吸器的正常生长，阻碍细胞有丝分裂中纺锤体的形成。具有预防和治疗作用，速效性好、持效性长，能和多种农药混用，但不宜和含铜的药剂混用。

❖ 适用作物与防治方法

适用于番茄、甘薯、柑橘、花生、黄瓜、姜、辣椒、梨、芦笋、马铃薯、毛竹、葡萄、桑树、水稻、甜菜、西瓜、小麦、油菜、玉米等作物。

◎黄瓜白粉病、炭疽病，茄子、番茄等作物灰霉病、炭疽病、菌核病：在发病初期，用50%可湿性粉剂1000～1500倍液喷雾，每隔7～10天防治1次，连续防治3～4次。

◎葡萄褐斑病、炭疽病、灰霉病：50%可湿性粉剂600～800倍液喷雾。

◎柑橘青霉病、绿霉病：柑橘采摘后，立即用40%悬浮剂400～600倍液，浸果实2～3分钟，捞出晾干装筐。

◎小麦赤霉病：始花期，亩用50%可湿性粉剂75～100克兑水50升喷雾，5～7天后再防治1次。

◎桑树白粉病：50%可湿性粉剂2500～3000倍液喷雾。

◎花生叶斑病：病害盛发期，用50%可湿性粉剂4000～5000倍液喷雾。

◎甘薯黑斑病：50%可湿性粉剂1000～2000倍液浸种10分钟。

专家提醒

1. 不能与碱性、无机铜制剂混用。

2. 长期单一使用易产生抗性，与苯并咪唑类杀菌剂有交互抗性，应注意与其他药剂轮用。

3. 属低毒性杀菌剂，对鱼、鸟类、蜜蜂低毒，对兔皮肤和眼睛无刺激作用，在试验条件下无慢性毒性。

甲基立枯磷

英文名称	tolclofos-methyl
其他名称	利克菌、立枯灭
主要剂型及含量	20%乳油

❖ 作用机理与特点

甲基立枯磷属有机磷类杀菌剂，主要通过抑制磷酸的生物合成，从而抑制孢子萌发和菌丝生长，对半知菌类、担子菌类和子囊菌类等有很强的杀菌活性。吸附作用较强，不易流失，持效期较长，适用于防治土传病害。

❖ 适用作物与防治方法

适用于水稻、棉花等作物。

◎棉花立枯病等苗期病害：每100千克种子，用20%乳油1~1.5千克拌种。

专家提醒

1. 养鱼稻田禁用，施药后的田水不得直接排入水体。
2. 不可与碱性农药等混合使用。拌种时不能与草木灰等碱性物质一起拌种，以免影响药效和种子的发芽率。

腈苯唑

英文名称	fenbuconazole
其他名称	初秋、应得、唑菌腈、苯腈
主要剂型及含量	24%悬浮剂

❖ 作用机理与特点

腈苯唑属三唑类杀菌剂，作用机理是通过抑制病菌麦角甾醇的生物合

成，阻止已发芽的病菌孢子侵入作物组织，抑制菌丝的生长。具有预防和治疗作用，内吸传导性好。在病菌潜伏期使用，能阻止病菌的发育；在发病后使用，能使下一代孢子变形，失去侵染能力。

❖ 适用作物与防治方法

适用于水稻、桃等作物。

◎桃树褐斑病：发病初期，用24%悬浮剂2500～3200倍液喷雾，每隔7～10天防治1次，连续防治2～3次。

◎禾谷类黑粉病、腥黑穗病：每100千克种子，用24%悬浮剂40～80毫升拌种。

专家提醒

1.建议与其他非三唑类杀菌剂轮换使用，以延缓或避免病菌产生抗药性。

2.对作物安全，不产生药害，但对鱼有毒。

腈菌唑

英文名称	myclobutanil
其他名称	灭克落
主要剂型及含量	40%可湿性粉剂，5%、12%、12.5%、25%乳油，20%、40%悬浮剂，12.5%水乳剂，12.5%微乳剂

❖ 作用机理与特点

腈菌唑属三唑类杀菌剂，主要抑制病原菌麦角甾醇的生物合成，具有保护、治疗和内吸作用，对子囊菌、担子菌均具有较好的防治效果。该剂持效期长，对作物有一定刺激生长作用，具有预防和治疗作用。

❖ 适用作物与防治方法

适用于番茄、柑橘、黄瓜、梨、荔枝、葡萄、桃、小麦、杨梅、玉米、豇豆等作物。

- 小麦白粉病：亩用40%可湿性粉剂10～15克兑水喷雾。
- 葡萄白粉病：40%可湿性粉剂6000～8000倍液喷雾。
- 麦类散黑穗病菌、网腥黑粉菌等：每100千克种子，用40%悬浮剂25～50克拌种处理。

专家提醒

1. 储存于阴凉、通风的库房。
2. 应与氧化剂、食用化学品分开存放，切忌混储。
3. 保持容器密封。

精甲霜灵

英文名称	metalaxyl-M
其他名称	高效甲霜灵
主要剂型及含量	10%种子处理悬浮剂，350克/升种子处理乳剂，20%、35%悬浮种衣剂

❖ 作用机理与特点

精甲霜灵属苯基酰胺类内吸杀菌剂。具有保护、治疗和铲除作用，有很强的内吸传导作用，即药剂进入植物体后可向顶部、基部及侧向传导，因而可以叶面喷雾、种子处理或灌根。精甲霜灵的选择性强，仅对卵菌纲病害高效，对霜霉菌、疫霉菌、腐霉菌有特效。

❖ 适用作物与防治方法

适用于大白菜、大豆、番茄、花生、花椰菜、黄瓜、黄精、辣椒、马铃薯、葡萄、水稻、西瓜、杨梅、玉米等作物。

◎玉米茎基腐病：每100千克种子，用10%种子处理悬浮剂120～150毫升包衣。

◎大豆根腐病、花生根腐病：每100千克种子，用350克/升种子处理乳剂40～80毫升拌种。

◎水稻烂秧病：每100千克种子，用350克/升种子处理乳剂15～25毫升拌种。

专家提醒

1. 配药和种子处理应在通风处进行。
2. 处理过的种子必须放置在有明显标签的容器内。勿与食物、饲料放在一起，不得饲喂禽畜，更不得用来加工饲料或食品。

克菌丹

英文名称	captan
其他名称	盖普丹
主要剂型及含量	80%水分散粒剂、50%可湿性粉剂、40%悬浮剂

◆ 作用机理与特点

克菌丹属三氯甲硫基类保护性杀菌剂，可用于叶面喷雾防治多种高、低等真菌性病害，也可用于土壤处理和种子处理，防治多种作物根部病害或种传、土传病害。

◆ 适用作物与防治方法

适用于草莓、番茄、柑橘、黄瓜、辣椒、梨、马铃薯、葡萄、小麦、玉米等作物。

◎梨黑星病、黑斑病、煤污病、褐斑病、炭疽病：40%悬浮剂600～800倍液喷雾。

◎梨树腐烂病、枝腐病：40%悬浮剂300～400倍液喷雾枝干。

◎ 葡萄炭疽病、白腐病、褐斑病、黑痘病、穗轴褐枯病：40%悬浮剂600～800倍液喷雾。

◎ 柑橘沙皮病、黄斑病、疮痂病：40%悬浮剂600～800倍液浸果或喷果。

> **专家提醒**
>
> 1. 用药后要注意洗手、脸及接触药物的皮肤。
> 2. 高温干旱天，鲜食葡萄特别是红提品种商用可能会出现药害，应先试验后再使用。

枯草芽孢杆菌

拉丁名	*bacillus subtilis*
其他名称	枯草杆菌、依天得、天赞好、格兰
主要剂型及含量	10亿芽孢/克、100亿芽孢/克、1000亿芽孢/克可湿性粉剂，200亿芽孢/毫升可分散油悬浮剂，300亿芽孢/毫升悬浮种衣剂，1亿孢子/毫升水剂，1亿活芽孢/克微囊粒剂，10亿个/克水乳剂

❖ **作用机理与特点**

枯草芽孢杆菌是一种微生物源低毒杀菌剂，属微生物菌剂。主要通过竞争作用、溶菌作用、产生抗菌物质和生物夺氧这四种作用机理达到抑菌目的。通过成功定植至植物根际、体表或体内，与病原菌竞争植物周围的营养，分泌抗菌物质以抑制病原菌生长，同时诱导植物防御系统抵御病原菌入侵，从而达到生物防治的目的。主要可以抑制由丝状真菌等植物病原菌所引起的多种植物病害，用作包衣处理种子后，具有防病、刺激作物生长、增产增收的多重作用。

❖ **适用作物与防治方法**

适用于白菜、草莓、大白菜、番茄、柑橘、黄瓜、辣椒、马铃薯、茄子、水稻、甜瓜、西瓜、小麦、玉米等作物。

◎灰霉病、白粉病：亩用1000亿芽孢/克可湿性粉剂50～60克兑水喷雾。

◎黄萎病：亩用10亿芽孢/克可湿性粉剂5～100克兑水喷雾，或按1∶(10～15)药种比，拌种。

◎青枯病：10亿芽孢/克可湿性粉剂600～800倍液灌根，每株施用150～250毫升。

◎细菌性条斑病、白叶枯病、恶苗病：300亿芽孢/毫升悬浮种衣剂按1∶40药种比，种子包衣。

专家提醒

1. 不能与含铜离子药剂、乙蒜素等杀菌剂混用。
2. 包衣种子可贮存一个播种季节。
3. 在密封、避光、低温（15℃）条件下贮存。
4. 对鱼、蜜蜂低毒。

喹啉铜

英文名称	oxine-copper
其他名称	必绿、净果精
主要剂型及含量	33.5%、40%悬浮剂，50%水分散粒剂，50%可湿性粉剂

❖ 作用机理与特点

喹啉铜属有机铜螯合物，是喹啉类保护性低毒杀菌剂，广谱、高效、低残留，使用安全。其作用机理是抑制病菌孢子新陈代谢，调控细胞分裂和分化。对真菌、细菌性病害均具有良好的预防和治疗作用，而铜又是作物必需的微量元素，作物吸收利用，起到肥效作用。

❖ 适用作物与防治方法

适用于番茄、柑橘、黄瓜、辣椒、梨、荔枝、马铃薯、葡萄、桃、西瓜、小麦、杨梅、猕猴桃、枇杷等作物。

◎ 晚疫病、细菌性溃疡病：亩用33.5%悬浮剂60~80毫升兑水45~60升，或50%可湿性粉剂40~60克兑水45~60升喷雾。

◎ 疫病、溃疡病、疮痂病、霜霉病：亩用33.5%悬浮剂80~100毫升兑水60~75升，或50%可湿性粉剂60~80克兑水60~75升喷雾。

◎ 霜霉病、细菌性叶斑病：亩用33.5%悬浮剂80~100毫升兑水45~75升，或50%可湿性粉剂60~80克兑水45~75升喷雾。

专家提醒

1. 不能与强酸及碱性农药混用。
2. 不能与含有其他金属离子的药剂混用。
3. 作物安全采收期为15天。
4. 对鱼高毒，对蜜蜂低毒。

醚菌酯

英文名称　　kresoxim-methyl

其他名称　　翠贝

主要剂型及含量　　30%、40%悬浮剂，50%水分散粒剂、30%可湿性粉剂

❖ **作用机理与特点**

醚菌酯属甲氧基丙烯酯类杀菌剂，作用机理是通过抑制细胞色素b向细胞色素c1间的电子转移而抑制线粒体的呼吸作用，破坏病菌能量（ATP）的形成，从而抑制孢子萌发、菌丝生长及孢子产生。能控制治疗子囊菌纲等大多数病害，具有保护、治疗、铲除作用和很好的渗透及局部内吸活性，持效期长。对其他三唑类、苯甲酰胺类和苯并咪唑类产生抗性的病菌有效。

❖ **适用作物与防治方法**

适用于草莓、番茄、黄瓜、辣椒、梨树、葡萄、水稻、甜瓜、西瓜、小葱、小麦、玉米等作物。

◎黄瓜霜霉病、白粉病、黑星病、蔓枯病：亩用30%可湿性粉剂25～35克兑水喷雾。

◎番茄晚疫病、早疫病、叶霉病：亩用30%可湿性粉剂25～35克兑水喷雾。

◎辣椒炭疽病、疫病、白粉病：亩用30%悬浮剂50～70毫升，或50%水分散粒剂25～35克，兑水60～75千克均匀喷雾。

专家提醒

1. 使用该药后能提高产量、改善品质，对环境友好，适合在有害生物综合治理中应用。
2. 不可与强碱、强酸性的农药等物质混合使用。
3. 安全间隔期为4天，作物每季度最多喷施3～4次。
4. 苗期注意减少用量，以免对新叶产生危害。

嘧菌环胺

英文名称	cyprodinil
其他名称	瑞镇
主要剂型及含量	50%水分散粒剂

❖ 作用机理与特点

嘧菌环胺属嘧啶胺类杀菌剂，具有保护和治疗活性，内吸性强、传导性好。作用机理是抑制真菌水解酶的分泌和蛋氨酸的生物合成，干扰真菌生命周期，抑制病原菌穿透，破坏植物体中病原菌丝体的生长。同三唑类、咪唑类、吗啉类、二羧酰亚胺类、苯基吡咯类等无交互抗性，对半知菌和子囊菌引起的灰霉病和斑点落叶病等具有较好的防治效果，适用于病害综合治理。

❖ 适用作物与防治方法

适用于番茄、马铃薯、葡萄等作物。

◎灰霉病：发病前或发病初期，用50%水分散粒剂1000倍液喷雾，间隔7～10天防治1次，连续防治2～3次。

> **专家提醒**
>
> 1.高温下，某些茄果类作物较敏感，需要小面积测试后使用。
> 2.于病害发病前或者发病初期使用，有利于提高防治效果和减缓抗性的产生。
> 3.对鱼中等毒性，对蜜蜂低毒。

嘧菌酯

英文名称	azoxystrobin
其他名称	阿米西达
主要剂型及含量	25%、250克/升悬浮剂，50%水分散粒剂

❖ 作用机理与特点

嘧菌酯属甲氧基丙烯酸酯类杀菌剂。其作用机理是通过抑制病原菌线粒体的呼吸作用来阻止其能量合成，从而抑制孢子的萌发和菌丝生长。具有高效、广谱、低毒、内吸性强、渗透效果好等特点。

❖ 适用作物与防治方法

适用于草莓、大豆、大蒜、冬瓜、冬枣、番茄、甘蓝、柑橘、花生、花椰菜、黄瓜、火龙果、姜、辣椒、梨、荔枝、莲藕、芦笋、马铃薯、葡萄、山药、水稻、丝瓜、桃、西瓜、小麦、杨梅、玉米、芋头、枣树、枇杷、豇豆等作物。

◎黄瓜霜霉病、辣椒炭疽病、番茄早疫病：发病初期，用250克/升悬浮剂1000～2000倍液喷雾。

◎西瓜炭疽病：发病初期，用250克/升悬浮剂1500倍液喷雾。

◎柑橘炭疽病、疮痂病，黄瓜白粉病：发病初期，用250克/升悬浮剂1250倍液喷雾。

◎黄瓜褐斑病：发病初期，亩用250克/升悬浮剂40～60毫升兑水45升喷雾。

> **专家提醒**
>
> 1.不宜与含二甲苯的乳油剂型农药混用。
> 2.在推荐剂量下，除保护地番茄移栽2周内及少数苹果品种生长早期外，对作物安全，不会影响种子发芽和栽播下茬作物。
> 3.使用该药后能提高产量、改善品质，且使用剂量低、对环境友好。
> 4.对人、畜、鸟类低毒，对蜜蜂、蚯蚓等多种节肢动物安全，对兔的皮肤和眼睛稍有刺激。

嘧霉胺

英文名称	pyrimethanil
其他名称	施佳乐
主要剂型及含量	20%可湿性粉剂，20%、40%、400克/升悬浮剂，80%水分散粒剂

◆ 作用机理与特点

嘧霉胺属苯胺基嘧啶类杀菌剂，其作用机理是通过抑制病菌侵染酶的产生而阻止病菌的侵染并杀死病菌，具有内吸传导和熏蒸作用以及叶片穿透、根部内吸活性。

◆ 适用作物与防治方法

适用于草莓、番茄、黄瓜、韭菜、马铃薯、葡萄、茄子等作物。

◎黄瓜、番茄灰霉病：发病前或发病初期，亩用40%悬浮剂25～95毫升，兑水30～75升喷雾，每隔7～10天防治1次，连续防治2～3次。

◎葡萄灰霉病：40%悬浮剂1000～1500倍液喷雾。

> **专家提醒**
>
> 1.植株幼苗期较敏感,应控制使用浓度,且气温高于28℃时不宜施用,避免产生药害。
>
> 2.嘧霉胺与三唑类、二硫代氨基甲酸酯类、苯并咪唑类等无交互抗性。
>
> 3.对蜜蜂、鸟类、家蚕、鱼类、蛙类、蚯蚓等有益生物相对安全。

棉隆

英文名称　　dazomet
其他名称　　必速灭
主要剂型及含量　98%微粒剂,98%颗粒剂

◆ 作用机理与特点

棉隆属硫代异硫氰酸甲酯类土壤消毒剂,其作用机理是施用于潮湿的土壤中时,会产生一种异硫氰酸甲酯气体,迅速扩散至土壤中,有效地杀死各种地下害虫、病原菌和杂草。该药剂杀虫谱广,低毒,具有熏蒸作用。

◆ 适用作物与防治方法

适用于草莓、番茄、杭白菊、姜等作物。

○黄萎病、枯萎病:亩用98%微粒剂20~30千克,沟施或撒施。

○根结线虫病:每100立方米砂土施用98%微粒剂750~900克、每100立方米黏土施用98%微粒剂900~1050克做土壤处理。

> **专家提醒**
>
> 1.药效受土壤温湿度以及土壤结构影响较大,使用时土壤温度12~30℃、土壤湿度大于40%(湿度以手捏土能成团,1米高度掉地后

能散开为标准）为宜。

2.土壤处理时要盖膜密封20天以上，揭膜通风15天后方可播种。

3.夏季施药要在上午9时前和下午4时后，避免在高温下作业。

4.棉隆具有灭生性，不能与生物药肥同时使用。

氢氧化铜

英文名称	copper hydroxide
其他名称	可杀得、冠菌铜
主要剂型及含量	77%可湿性粉剂，46%、53.8%、57.6%水分散粒剂，37.5%悬浮剂

◆ 作用机理与特点

氢氧化铜属无机铜类保护性杀菌剂，其作用机理是释放铜离子与真菌体内蛋白质中的—SH、—NH_2、—COOH、—OH等基团起作用，导致病菌死亡。

◆ 适用作物与防治方法

适用于茶树、番茄、柑橘、黄瓜、姜、辣椒、马铃薯、葡萄、西瓜等作物。

◎番茄早疫病：亩用77%可湿性粉剂136～200克兑水喷雾。

◎葡萄霜霉病：77%可湿性粉剂600～700倍液喷雾。

◎黄瓜角斑病：亩用77%可湿性粉剂150～200克兑水喷雾。

◎柑橘溃疡病：77%可湿性粉剂400～600倍液喷雾，间隔10天防治1次，连续防治3次。

专家提醒

1.对铜敏感的作物如桃、李、梨、柿子、白菜、大豆、小麦等慎用。在高温、高湿和有露水情况下禁用，作物开花期慎用。

2.不能与酸性物质和多硫化钙混用；不能与石硫合剂及遇铜或碱

分解的农药混用。

3. 属保护性杀菌剂，宜在发病前或发病初期施用，施药喷雾须均匀细致。

氰霜唑

英文名称　　　　cyazofamid
其他名称　　　　科佳
主要剂型及含量　20%、35%、100克/升悬浮剂，25%可湿性粉剂

❖ 作用机理与特点

氰霜唑属磺胺咪唑类杀菌剂，作用机理是阻断病菌体内线粒体细胞色素bc1复合体的电子传递来干扰能量的供应，其结合部位为酶的Q中心，又称为QiI（Quinone inside Inhibitors）类杀菌剂，与其他杀菌剂无交叉抗性。其对病原菌的高选择活性是由于靶标酶对药剂的敏感程度差异造成的。

❖ 适用作物与防治方法

适用于大白菜、荔枝、番茄、黄瓜、黄精、马铃薯、葡萄、甜瓜、西瓜、小白菜等作物。

◎马铃薯晚疫病：亩用100克/升悬浮剂50~70毫升，兑水30~45升喷雾。

◎葡萄、荔枝霜霉病：发生前或发生初期，用100克/升悬浮剂2000~2500倍液喷雾，每隔7~10天防治1次。

◎十字花科蔬菜根肿病：亩用100克/升悬浮剂150~180毫升灌根。

◎黄瓜霜霉病：发病前或发病初期，用100克/升悬浮剂2000倍液喷雾。

> **专家提醒**
>
> 1.必须在发病前或发病初期使用,施药间隔期为7~10天。
> 2.有一定的内吸性,但不能传导到新叶,施药时应均匀喷雾到植株全部叶片的正反面,喷药量应根据对象作物的生长情况、栽培密度等进行调整。
> 3.对卵菌纲病菌以外的病害没有防效,如有其他病害同时发生,应与其他药剂混合使用。
> 4.在黄瓜、番茄上的安全间隔期为3天,每季作物最多使用3~4次。
> 5.对鱼中等毒性,对蜜蜂低毒。

氰氨化钙

英文名称　　calcium cyanamide

其他名称　　石灰氮

主要剂型及含量　　50%颗粒剂

◆ 作用机理与特点

氰氨化钙是一种缓效型碱性药肥产品,具有药肥双重功效。其在土壤中与水反应,生成氢氧化钙和氰胺,氰胺水解生成尿素,最后分解成碳酸氢铵,碱性土壤中氰胺进一步聚合成双氰胺。氰胺和双氰胺具有消毒、灭虫、防病作用。而双氰胺更是一种硝化抑制剂,可以延缓铵态氮向硝态氮的转化,从而保持土壤中较高的铵态氮水平,提高氮肥利用率。其含有的氧化钙成分在水解释放产生大量的热而具有消毒作用。氰氨化钙能够调节土壤pH从而有效解决连茬作物障碍问题。

◆ 适用作物与防治方法

适用于番茄、黄瓜、水稻等作物。

◎根结线虫、地下害虫:定植前进行土壤处理,亩用50%颗粒剂30~60千克沟施。

◎福寿螺：水稻播前10～15天或收割后，亩用50%颗粒剂33～55千克均匀撒施。

> **专家提醒**
> 1. 适用于pH低于7的土壤。土壤处理时要盖膜密封15天左右，每天灌水至畦面，促进其充分分解，揭膜通气15天后再进行定植或播种。
> 2. 谨防含有氰氨化钙的水流入鱼池、鱼塘。
> 3. 施药后水体环境pH较高，池塘、沟渠灭螺水体至少15天后方可用于作物灌溉。
> 4. 作业人员在施药前后24小时内，不得饮酒或含有酒精的饮料。

噻呋酰胺

英文名称 thifluzamide

其他名称 满穗

主要剂型及含量 240克/升悬浮剂

❖ 作用机理与特点

噻呋酰胺属苯酰胺类杀菌剂，具有内吸传导治疗作用，作用机理是通过抑制病原菌的琥珀酸脱氢酶的活性、阻碍病原菌能量的生成，而导致菌体死亡。对立枯丝核菌有较高的活性。

❖ 适用作物与防治方法

适用于花生、马铃薯、水稻、小麦、玉米、茭白、豇豆等作物。

◎花生白绢病：发病前或发病初期，亩用240克/升悬浮剂45～60毫升兑水喷雾。

◎马铃薯黑痣病：发病前或发病初期，亩用240克/升悬浮剂70～120毫升兑水喷雾。

◎水稻纹枯病：发病前或发病初期，亩用240克/升悬浮剂15～25毫升兑水喷雾。

◎小麦纹枯病：发病前或发病初期，亩用240克/升悬浮剂15～20毫升兑水喷雾。

专家提醒

1. 该药对叶部病害，如花生褐斑病、黑斑病效果不佳。
2. 具有很强的内吸性，作物幼苗期慎用。
3. 对鱼类等水生生物有中等毒性，应远离水产养殖区施药，禁止在河流、池塘等水体清洗施药器具。

噻唑锌

英文名称　　zinc-thiazole

其他名称　　乾运、碧生

主要剂型及含量　　20%、30%、40%悬浮剂

◆ 作用机理与特点

噻唑锌属噻唑类有机锌杀菌剂，其噻唑基团在植株的孔纹导管中，使细菌受到严重损害，使细胞壁变薄继而瓦解，导致细菌的死亡。药剂中的锌离子与病原菌细胞膜表面上的阳离子（H^+、K^+等）交换，导致病菌细胞膜上的蛋白质凝固而杀死病菌；部分锌离子渗透进入病原菌细胞内与某些酶结合，影响其活性，导致病菌机能失调而衰竭死亡。具有很好的保护和治疗作用，内吸性好，既杀真菌又杀细菌。

◆ 适用作物与防治方法

适用于草莓、大白菜、柑橘、黄瓜、辣椒、马铃薯、水稻、桃、西瓜、西兰花、小葱、芋头、猕猴桃等作物。

◎柑橘溃疡病：发病前或发病初期，用40%悬浮剂800～1000倍液喷雾。

◎黄瓜细菌性角斑病、水稻细菌性条斑病：发病前或发病初期，亩用

40%悬浮剂50~75毫升兑水喷雾。

◎桃树细菌性穿孔病：发病前或发病初期，用40%悬浮剂600~1000倍液喷雾。

> **专家提醒**
> 1. 该药是目前市场上比较安全的细菌性病害防治制剂。
> 2. 具有补锌促生根壮苗等保健功能。
> 3. 可以与大多数杀虫剂、杀菌剂、生长调节剂混用。

噻菌灵

英文名称	thiabendazole
其他名称	特克多、涕必灵、硫苯唑、噻苯咪唑、噻苯哒唑
主要剂型及含量	450克/升、500克/升悬浮剂

❖ **作用机理与特点**

噻菌灵属苯咪唑类杀菌剂，作用机理为抑制真菌有丝分裂过程中的微管蛋白的形成。

❖ **适用作物与防治方法**

适用于柑橘、蘑菇、葡萄、小麦、玉米等作物。

◎柑橘花腐病：亩用450克/升悬浮剂15~30克兑水喷雾。

◎柑橘青霉病、绿霉病：450克/升悬浮剂1000~1500毫克/千克药液浸果30秒后，捞出晾干。

> **专家提醒**
> 1. 对鱼类有毒，不要污染池塘和水源。
> 2. 原药密封保存，远离儿童，空瓶应安善处理。

三环唑

英文名称	tricyclazole
其他名称	克瘟唑、稻艳
主要剂型及含量	20%、75%可湿性粉剂

❖ 作用机理与特点

三环唑属保护性三唑类杀菌剂，其作用机理是抑制附着孢黑色素的形成，从而阻止病菌侵入和减少病菌孢子的产生。以预防保护作用为主，具有较强的内吸性，能迅速被水稻根茎叶吸收，并输送到稻株各部，一般在喷洒后2小时，稻株内吸收药量即可达饱和。

❖ 适用作物与防治方法

适用于水稻等作物。

◎水稻叶瘟：发病初期，亩用20%可湿性粉剂70～90克，兑水40～50升喷雾。

◎水稻穗瘟：在水稻孕穗末期或破口初期，亩用20%可湿性粉剂75～100克兑水40～50升喷雾。

专家提醒

1.该药属保护性杀菌剂，治疗效果较差，应在病害发生前预防。浸种或拌种对芽苗稍有抑制但不影响后期生长。

2.防治穗茎瘟时，第一次用药必须在抽穗前。

3.发生中毒用清水冲洗或催吐，目前尚无特效解毒药。

4.该药属中等毒性杀菌剂，对兔眼和皮肤有轻度刺激作用，在试验剂量下无慢性毒性。

三唑醇

英文名称	triadimenol
其他名称	粉锈宁
主要剂型及含量	10%、15%、25%可湿性粉剂，25%干拌剂，25%乳油

❖ 作用机理与特点

三唑醇属三唑类杀菌剂，作用机理是抑制真菌麦角甾醇的生物合成。具有内吸性，有保护和治疗作用，能杀灭附于种子表面和内部的病原菌。

❖ 适用作物与防治方法

适用于水稻、小麦、油菜、玉米等作物。

◎小麦纹枯病：每100千克种子，用15%可湿性粉剂200～300克拌种。

◎小麦白粉病：亩用15%可湿性粉剂50～60克兑水喷雾。

◎小麦锈病：25%干拌剂药种比1∶(667～735)拌种。

◎水稻稻曲病、稻瘟病、纹枯病：亩用15%可湿性粉剂用60～70克兑水喷雾。

> **专家提醒**
>
> 1.拌种时必须使种子粘药均匀，必要时采用黏着剂，否则不易发挥药效。
>
> 2.处理麦类种子时抑制幼苗生长，抑制强弱与药剂的浓度有关，可在其中加入如赤霉毒等生长激素类减轻药害。

三唑酮

英文名称	triadimefon
主要剂型及含量	15%、25%可湿性粉剂，20%乳油，15%水乳剂，44%悬浮剂

❖ 作用机理与特点

三唑酮属三唑类杀菌剂，主要是抑制病菌麦角甾醇的生物合成，因而抑制或干扰菌体附着孢及吸器的发育、菌丝的生长和孢子的形成。对病菌在活体中活性很强，但离体效果差。对菌丝的活性比对孢子强。对锈病和白粉病具有预防、铲除、治疗等作用。对多种作物的病害如玉米圆斑病、玉米丝黑穗病、麦类云纹病、小麦叶枯病等均有效。

❖ 适用作物与防治方法

适用于花生、黄瓜、梨、水稻、小麦、油菜、玉米、水稻等作物。
◎小麦纹枯病：每100千克种子，用15%可湿性粉剂200～300克拌种。
◎小麦白粉病：亩用15%可湿性粉剂60～80克兑水喷雾。
◎小麦锈病：25%干拌剂药种比1∶（667～735）拌种。

专家提醒

严格按规定药量使用，否则作物易受药害。

三乙膦酸铝

英文名称	fosetyl-aluminium
其他名称	疫霉灵、疫霜灵、乙磷铝、霉疫净、克霉灵、霉菌灵
主要剂型及含量	40%、80%可湿性粉剂，90%可溶粉剂

❖ 作用机理与特点

三乙膦酸铝是对卵菌所致病害均有特效的内吸性杀菌剂，既能通过根部和基部茎叶吸收后向上输导，也能从上部叶片吸收后向基部叶片输导。药剂只有在植株体内才能发挥作用，离体条件下对病菌的抑制作用很小，其防病原理是药剂刺激寄主植物的防御系统而防病。

❖ 适用作物与防治方法

适用于水稻、番茄、马铃薯、辣椒、黄瓜、十字花科蔬菜、莴笋、梨、荔枝、葡萄、甜菜等作物。

◎ 蔬菜霜霉病：发病初期，用40%可湿性粉剂200～300倍液喷药。

◎ 番茄晚疫病、黄瓜疫病、甜椒疫病：40%可湿性粉剂200～300倍液喷雾。

◎ 水稻纹枯病、稻瘟病：40%可湿性粉剂300倍液喷雾。

专家提醒

1. 勿与酸性、碱性农药混用，以免分解失效。与多菌灵、代森锰锌等混配混用，可提高防效，扩大防治范围。

2. 易吸潮结块，贮运中应注意密封，干燥保存。如遇结块，不影响使用效果。

3. 浓度过高时对黄瓜、白菜有轻微药害，使用浓度一般不应超过2000微克/毫升。

4. 连续使用容易引起病菌抗药性，而使药效降低。可与其他杀菌剂轮用或混用。

双炔酰菌胺

英文名称　　　mandipropamid

其他名称　　　瑞凡

主要剂型及含量　23.4%悬浮剂

❖ 作用机理与特点

双炔酰菌胺属酰胺类杀菌剂，主要通过干扰致病菌的磷脂和细胞壁沉积物生物合成，从而抑制孢子的萌发和菌丝体的生长。可以被叶片迅速吸收，并停留在叶表蜡质层中，对叶片起到长效的保护，拥有跨层传导的活性，可以保护叶面的两侧。其活性很高，具有预防和治疗双重作用，低浓度能有效抑

制孢子萌发，高浓度抑制产孢，对处于潜伏期的植物病害有较强的治疗作用。

❖ 适用作物与防治方法

适用于番茄、黄瓜、辣椒、荔枝、马铃薯、葡萄、西瓜等作物。

◎ 西瓜和辣椒等疫病：亩用23.4%悬浮剂30～40毫升兑水喷雾。

◎ 马铃薯晚疫病：亩用23.4%悬浮剂20～40毫升兑水喷雾。

◎ 番茄晚疫病：亩用23.4%悬浮剂30～40毫升兑水喷雾。

◎ 葡萄霜霉病：23.4%悬浮剂1500～2000倍液。

专家提醒

1. 在作物冠层形成期以后使用或者对于新长出来的叶片补充喷药。

2. 在连续阴雨或者湿度较大的环境中，或者当病情较重的情况下，建议使用较高的剂量。避免在极端温度和湿度下，或者作物长势较弱的情况下使用该药。

3. 对鱼中等毒性，对蜜蜂低毒。

霜霉威

英文名称	propamocarb
其他名称	普力克、扑霉净、疫霜净、破霜、霜灵
主要剂型及含量	35%、66.5%水剂，722克/升水剂

❖ 作用机理与特点

霜霉威属氨基甲酸酯类杀菌剂，作用机理是抑制病菌细胞膜成分的磷脂和脂肪酸的生物合成，进而抑制菌丝生长、孢子囊的形成和萌发。与其他类型杀菌剂无交互抗药性。内吸传导性好，用作土壤处理时，能很快被根吸收并向上输送到整个植株；茎叶处理时，能很快被叶片吸收并分布在叶片中，在30分钟内就能起到保护作用。霜霉威对作物的根、茎、叶有明显的促进生长作用。

❖ 适用作物与防治方法

适用于菠菜、花椰菜、黄瓜、马铃薯等作物。

◎黄瓜霜霉病：亩用722克/升水剂60~100毫升兑水喷雾。

◎黄瓜疫病：每平方米用722克/升水剂5~8毫升浇灌苗床。

专家提醒

1. 黄瓜上的安全间隔期为3天，每季最多使用3次。
2. 不可与碱性农药等混合使用。
3. 远离水产养殖区施药，禁止在河流、池塘等水体中清洗施药器具，避免污染水源。

霜脲氰

英文名称　　　cymoxanil

主要剂型及含量　20%、25%悬浮剂，80%水分散粒剂

❖ 作用机理与特点

霜脲氰属脲类内吸性杀菌剂。施药后能被植物迅速吸收，且药效持久。可以通过抑制病原菌的细胞线粒体中的电子转移，使其氧化和磷酸化的作用停止，从而使病原菌细胞丧失能量来源而死亡。对霜霉目真菌如疫霉属、霜霉属、单轴霜属有特效，是防治霜霉病、疫病的特效药。霜脲氰可与多种保护性杀菌剂复配，具有药效高、安全性好、持效期长等显著优点，在一般贮存条件下和在中性或弱酸介质中稳定，7天在土壤中损失50%。

❖ 适用作物与防治方法

适用于番茄、黄瓜、黄精、辣椒、荔枝、马铃薯、葡萄、甜瓜等作物。

◎葡萄霜霉病：20%悬浮剂2000~2500倍液喷雾，或80%水分散粒剂8000~10000倍液喷雾。

◎马铃薯晚疫病：亩用20%悬浮剂60~80克兑水喷雾。

专家提醒

1. 单独使用霜脲氰药效期短，与保护性杀菌剂混配，可以延长持效期。
2. 不宜与碱性农药、肥料混合使用。
3. 远离儿童、食物、饲料等；对人畜低毒，对眼睛有轻微刺激作用，避免吸入、接触皮肤及眼睛。

威百亩

英文名称	metam-sodium
其他名称	维巴姆、保丰收、硫威钠、线克
主要剂型及含量	35%、42%水剂

❖ 作用机理与特点

威百亩属二硫代氨基甲酸盐类熏蒸杀菌剂，主要通过抑制生物细胞分裂和DNA、RNA和蛋白质的合成以及造成生物呼吸受阻，能有效杀灭根结线虫、土传病菌、地下害虫和杂草等有害生物，从而获得洁净及健康的土壤。浓溶液稳定，稀溶液不稳定。低毒。其在土壤中降解成异硫氰酸甲酯发挥熏蒸作用。

❖ 适用作物与防治方法

适用于番茄、黄瓜等作物。

◎番茄、黄瓜根结线虫：亩用35%水剂4～6千克沟施。

专家提醒

1. 施药要注意均匀、密闭，土壤的湿度最好保证在60%～70%之间，施用后及时覆盖塑料膜，最好是用无透膜，覆盖后很好地控温，温度最好在30℃以上。

2. 该药在稀释溶液中易分解,使用时要现用现配。该药剂能与金属盐起反应,配制药液时避免使用金属器具。

3. 对眼睛及黏膜有刺激作用,施药时应佩戴防护用具。避开中午高温时间施药,防止药气过多挥发及保证施药人员安全。

萎锈灵

英文名称　　carboxin

主要剂型及含量　　12%可湿性粉剂

◆ 作用机理与特点

萎锈灵属杂环类杀菌剂,具选择内吸性。遇碱性物质容易分解失效。对人畜低毒。

◆ 适用作物与防治方法

适用于春小麦、大豆、大麦、花生、水稻、小麦、玉米等作物。

◎锈病:亩用12%可湿性粉剂45～60克兑水喷雾。

肟菌酯

英文名称　　trifloxystrobin

主要剂型及含量　　50%、60%水分散粒剂,25%、35%、40%、50%悬浮剂

◆ 作用机理与特点

肟菌酯属第二代甲氧基丙烯酸酯类杀菌剂,对1,4-脱甲基化酶抑制剂,二羧胺类和苯并咪唑类产生抗性的菌株有效,与目前已有杀菌剂无交互抗性。除对白粉病、叶斑病有特效外,对立枯病等也有良好的活性。对作物安全,对环境安全。主要用于茎叶处理,保护活性优异,且具有一定的治疗活

性，且活性不受环境影响，应用最佳期为孢子萌发和发病初期阶段，但对黑星病各个时期均有活性。

❖ 适用作物与防治方法

适用于草莓、番茄、柑橘、黄瓜、辣椒、马铃薯、葡萄、水稻、西瓜、小麦、杨梅、玉米、枇杷等作物。

◎ 马铃薯晚疫病：亩用50%悬浮剂20～25毫升兑水喷雾。

◎ 葡萄白粉病：50%水分散粒剂3000～4000倍液喷雾。

专家提醒

1．反复使用容易产生抗性，建议与其他产品轮用或与不同作用机理的产品混用，减少每季使用的次数。

2．对鱼类、藻类高毒，水蚤类剧毒。药液及其废液不得污染各类水域、土壤等环境。远离水产养殖区，禁止在河流、池塘等水域清洗施药器具。

戊唑醇

英文名称	tebuconazole
其他名称	好力克、立克秀、欧利思
主要剂型及含量	430克/升悬浮剂，60克/升种子处理悬浮剂，60克/升悬浮种衣剂，2%湿拌种剂，25%可湿性粉剂，25%、250克/升水乳剂

❖ 作用机理与特点

戊唑醇属三唑类杀菌剂，通过抑制病原菌细胞膜上麦角甾醇的去甲基化，使得病菌无法形成细胞膜，从而杀死病菌。具有保护、治疗、铲除和内吸等特点，杀菌谱广、持效期长。

❖ 适用作物与防治方法

适用于水稻、小麦、玉米、大白菜、花生、马铃薯、番茄、辣椒、黄瓜、苦瓜、草莓、西瓜、梨、葡萄、山核桃、冬枣、柑橘、桃、杨梅、枇杷等作物。

◎ 稻曲病、纹枯病：水稻孕穗末期，亩用430克/升悬浮剂10～15毫升兑水50升喷雾，每隔7天左右再防治1次。

◎ 黄瓜白粉病：发病初期，亩用430克/升悬浮剂15～20毫升兑水喷雾。

◎ 大白菜黑斑病：发病初期，亩用430克/升悬浮剂20～25毫升兑水喷雾。

◎ 玉米丝黑穗病：播种前，每100千克种子用2%湿拌种剂1:(170～250)（药种比），或60克/升种子处理悬浮剂1:(500～1000)（药种比）拌种，经充分拌匀后播种。

◎ 小麦散黑穗病：播种前，每100千克种子用2%湿拌种剂1:(700～1000)（药种比），或60克/升种子处理悬浮剂1:(2222～3333)（药种比）拌种，经充分拌匀后播种。

专家提醒

1. 戊唑醇拌种对小麦出芽有抑制作用，一般比正常无拌种晚发芽2～3天，最多5天，对后期产量无影响。

2. 对稻曲病、纹枯病均有良好防效。

3. 茎叶喷雾时，蔬菜幼苗期、果树幼果期敏感，应注意使用浓度以免造成药害。

烯肟菌胺

英文名称　　fenaminstrobin

主要剂型及含量　　5%乳油

❖ 作用机理与特点

烯肟菌胺属甲氧基丙烯酸酯类杀菌剂，杀菌谱广、活性高、具有预防作用，与环境生物有良好的相容性。对鞭毛菌、接合菌、子囊菌、担子菌及半知菌引起的多种植物病害有良好的防治效果，对白粉病、锈病也有防治效果。对作物生长性状和品质有明显的改善作用，并能提高产量。

适用作物与防治方法

适用于马铃薯、柑橘、花生、西瓜、黄瓜、水稻、小麦、玉米等作物。

◎黄瓜白粉病：5%乳油750～1500倍液喷雾。

◎小麦白粉病：5%乳油750～1500倍液喷雾。

专家提醒

1.防治瓜类的白粉病时，宜在病害发生初期开始施药。

2.不能与烧碱、石灰、化肥等物品混放在一起。

烯酰吗啉

英文名称	dimethomorph
其他名称	阿克白
主要剂型及含量	40%悬浮剂，50%可湿性粉剂，50%、80%水分散粒剂

作用机理与特点

烯酰吗啉属吗啉类杀菌剂，作用机理是破坏病菌细胞壁膜的形成，引起孢子囊壁的分解，而使病菌死亡，是一种具有预防、治疗、铲除作用的低毒、内吸性杀菌剂，是防治霜霉菌、疫霉菌引起病害的特效药，对卵菌生活史的各个阶段都有作用。该药的内吸性较强，根部施药，可通过根部进入植株的各个部位，耐雨水冲刷，能迅速渗入植物组织内，较快地发挥药效，而且与苯酰胺类杀菌剂没有交互抗性。

适用作物与防治方法

适用于菠菜、大葱、番茄、花椰菜、黄瓜、苦瓜、辣椒、荔枝、马铃薯、葡萄、甜瓜、叶用莴苣、芋头等作物。

◎苦瓜霜霉病：亩用50%可湿性粉剂30～40克，兑水40～60升喷雾。

◎辣椒疫病：亩用50%可湿性粉剂40～60克，兑水40～60升喷雾。

◎荔枝疫病：50%可湿性粉剂1500～2000倍液喷雾。

◎黄瓜、葡萄霜霉病，马铃薯晚疫病：亩用50%可湿性粉剂25～40克，兑水40～60升喷雾。

> **专家提醒**
>
> 1.按照现行国家绿色食品相关标准，在草莓上慎用烯酰吗啉，其在草莓上的最大限量仅为0.05毫克/千克。
> 2.单用抗性风险高，建议与广谱保护性杀菌剂复配使用，延缓抗性的产生。
> 3.对鱼中等毒性，对鸟类、蜜蜂低毒，对家蚕无毒害作用。

异菌脲

英文名称	iprodione
其他名称	扑海因
主要剂型及含量	50%可湿性粉剂，23.5%、25%悬浮剂

❖ 作用机理与特点

异菌脲属二甲酰亚胺类杀菌剂，高效广谱，具有一定的触杀作用和治疗作用，也可通过根部吸收。作用机理主要是抑制菌体蛋白激酶，控制许多细胞功能的细胞内信号，包括碳水化合物结合进入真菌细胞组分的干扰作用。可抑制真菌孢子的萌发及产生，可抑制菌丝生长。即对病原菌生活史中的各发育阶段均有影响。

❖ 适用作物与防治方法

适用于番茄、辣椒、马铃薯、黄瓜、西瓜、油菜、葡萄等作物。

◎番茄早疫病、灰霉病：亩用50%可湿性粉剂75～100克兑水喷雾。

◎番茄灰霉病：亩用25%悬浮剂100～200毫克兑水喷雾。

> **专家提醒**
>
> 1. 不能与腐霉利等作用方式相同的杀菌剂混用或轮用。
> 2. 每季作物异菌脲的施用次数应控制在3次以内,为预防抗性菌株的产生;在病害发生初期和高峰前使用,可获得最佳效果。

抑霉唑

英文名称	imazalil
其他名称	马利得、戴挫霉
主要剂型及含量	15%烟剂,22.2%、50%乳油,20%水乳剂,75%可溶粒剂,10%水剂

❖ 作用机理与特点

抑霉唑属咪唑类杀菌剂,具内吸性,对侵染水果、蔬菜的多种真菌病害都有防效。对柑橘等水果喷施式浸渍,能防治收获后的水果腐烂。

❖ 适用作物与防治方法

适用于草莓、番茄、柑橘、马铃薯、葡萄、小麦、杨梅等作物。

◎ 柑橘青霉病、绿霉病:20%水乳剂500～800倍液浸果1～2分钟捞起晾干,也可用清水清洗后擦干或晾干,再用毛巾或海绵蘸0.1%涂抹剂原液涂抹,晾干。

◎ 番茄叶霉病:每平方米用15%烟剂0.3～0.5克点燃。

◎ 葡萄炭疽病:20%水乳剂800～1200倍液喷雾。

> **专家提醒**
>
> 1. 在柑橘上的安全间隔期为60天,并且在柑橘贮藏期最多使用1次。
> 2. 不能与碱性物质包括农药等混配使用。
> 3. 要将其放置在干燥、阴凉、通风、防雨处,远离热源或火源。

中生菌素

英文名称　　zhongshengmycin

其他名称　　克菌康

主要剂型及含量　　3%、12%可湿性粉剂，0.5%颗粒剂，3%水剂

❖ 作用机理与特点

中生菌素是一种新型农用抗生素，属N-糖苷类保护性杀菌剂。作用机理是通过抑制病原细菌蛋白质的肽键生成，最终导致细菌死亡；对真菌可抑制菌丝的生长、抑制孢子的萌发，起到防治真菌性病害的作用。该药杀菌谱较广，具有触杀、渗透作用及使用安全等特性，同时可刺激植物体内植保素及木质素的前体物质的生成，从而提高植物的抗病能力。

❖ 适用作物与防治方法

适用于番茄、柑橘、黄瓜、马铃薯、水稻等作物。

◎黄瓜细菌性角斑病：发病初期，用3%可湿性粉剂1000～1200倍液喷雾，每隔7～10天喷防治1次，连续防治3～4次。

◎水稻白叶枯病、恶苗病：3%可湿性粉剂600倍液浸种5～7天，发病初期再用3%可湿性粉剂1000～1200倍液喷雾，防治1～2次。

专家提醒

1. 不可与碱性农药混用。
2. 预防和发病初期用药效果显著。施药应做到均匀、周到。如施药后遇雨，应补喷。

第三节 除草剂

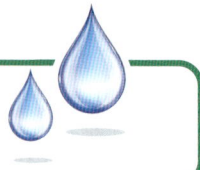

2甲4氯

英文名称	MCPA
其他名称	农多斯
主要剂型及含量	13%、750克/升水剂，56%可溶粉剂

◆ 作用机理与特点

2甲4氯为苯氧乙酸类激素型除草剂，具有选择性内吸传导，可以破坏双子叶植物的输导组织，使生长发育受到干扰，茎叶扭曲，茎基部膨大变粗或者开裂。对禾本科植物的幼苗期很敏感，3～4叶期后抗性逐渐增强，分蘖末期最强，而幼穗分化期敏感性又上升。在气温低于18℃时效果明显变差，对未出土的杂草效果不理想。

◆ 适用作物与防治方法

适用于春玉米田、冬小麦田、非耕地、柑橘园、苹果园、水稻插秧田、水稻田、水稻田（直播）、夏玉米田、小麦田、移栽水稻田、玉米田等。

◎水稻田杂草：水稻栽或抛秧15天后、或直播后分蘖末期，在水稻幼穗分化前，亩用13%水剂200～250毫升，兑水50升喷雾。

◎玉米田杂草：玉米4～5叶苗期，亩用13%水剂200毫升，兑水40升喷雾；玉米生长期，亩用13%水剂300～400毫升定向喷雾。

> **专家提醒**
>
> 1. 对生长较大的莎草有很好的防除作用。
> 2. 该药剂要在水稻5叶期以后幼穗分化前使用，不宜低温、超量施用。
> 3. 后茬不宜种十字花科蔬菜。

氨氯吡啶酸

英文名称　　　　picloram
其他名称　　　　毒莠定、毒莠定101
主要剂型及含量　21%、24%水剂，24%可溶液剂

❖ 作用机理与特点

氨氯吡啶酸是人工合成植物激素类除草剂，其作用机理与吲哚乙酸相似，属于选择性内吸性除草剂。药剂通过根和叶片迅速吸收，在植株中系统传导，可同时向顶部和基部双向传导，于生长点累积。主要作用于核酸代谢，并且使叶绿体结构及其他细胞器发育畸形，干扰蛋白质合成，作用于分生组织活动等，最后导致植物死亡。在土壤中较为稳定，半衰期1~12个月。高温高湿可加速降解。

❖ 适用作物与防治方法

适用于春小麦田、春油菜、春油菜田、非耕地、小麦田、油菜田等。

◎非耕地阔叶杂草：亩用24%水剂300~600毫升定向茎叶喷雾。
◎非耕地紫荆泽兰：亩用24%水剂300~600毫升茎叶喷雾。
◎非耕地灌木：亩用24%水剂300~400毫升茎叶喷雾。
◎非耕地薇甘菊：亩用24%水剂300~600毫升茎叶喷雾。
◎春油菜田一年生阔叶杂草：亩用24%可溶液剂7.5~10毫升茎叶喷雾。

> **专家提醒**
>
> 1.正常推荐剂量下后茬可安全种植禾本科作物。
> 2.豆类、葡萄、蔬菜、棉花、果树、烟草、甜菜等对氨氯吡啶酸敏感,在轮作倒茬时应考虑残留氨氯吡啶酸对这些作物的影响。
> 3.氨氯吡啶酸生物活性高,且在喷雾器(尤其是金属材料)壁上的残存物极难清洗干净,故应将喷雾器专用。

苄嘧磺隆

英文名称	bensulfuron-methyl
其他名称	农得时
主要剂型及含量	10%、30%、32%可湿性粉剂,60%水分散粒剂,0.5%、5%颗粒剂

◆ 作用机理与特点

苄嘧磺隆属磺酰脲类除草剂,具选择内吸传导性,主要通过根部吸收,在杂草植株体内迅速转移,阻碍缬基酸、亮氨酸、异亮氨酸的生物合成,阻止细胞的分裂和生长,敏感杂草生长机能受阻、幼嫩组织过早发黄,抑制叶部生长,阻碍根部生长而坏死。

◆ 适用作物与防治方法

适用于大蒜田、冬小麦田、柑橘园、水稻、小麦田等。

◎水稻移栽田一年生阔叶杂草及莎草科杂草:亩用0.5%颗粒剂400~600克;或5%颗粒剂60~80克,药土法;或10%可湿性粉剂20~30克,药土法撒施;或10%可湿性粉剂20~30克,茎叶喷雾。

◎冬小麦田一年生阔叶杂草:亩用10%可湿性粉剂30~40克或60%水分散粒剂5~8克,茎叶喷雾。

> **专家提醒**
>
> 1. 苄嘧磺隆对2叶期以内杂草效果好，超过3叶效果差。
> 2. 对稗草效果差，杂草以稗草为主的秧田不宜单独使用，可以与丙草胺等混用。
> 3. 施药时稻田内必须有3～5厘米水层，使药剂均匀分布。施药后7天不排水、串水，以免降低药效。
> 4. 期间避免对周围蜂群产生影响，蜜蜂作物花期、蚕室、桑园附近禁用，远离水产养殖区施药。

丙草胺

英文名称　　　pretilachlor

其他名称　　　扫弗特

主要剂型及含量　30%、50%乳油，50%水乳剂

❖ 作用机理与特点

丙草胺属酰胺类选择性除草剂，用于芽前土壤处理，对水稻安全，杀草谱广。其作用机理是干扰杂草体内蛋白质合成，受害杂草幼苗扭曲，初生叶难伸出，叶色变深绿，生长停止，直至死亡。杂草种子在发芽过程中吸收药剂，根部吸收较差。水稻发芽期对丙草胺也比较敏感，为保证早期用药安全，丙草胺常加入安全剂，并通过水稻根部吸收而发挥保护作用。

❖ 适用作物与防治方法

适用于水稻田、茭白田等。

◎ 移栽田杂草：移栽后3～5天，亩用50%乳油60～80毫升加细沙土15～20千克，充分拌匀后，撒于稻田中。施药时田间应有3厘米左右的水层，并保持水层3～5天。

◎ 直播田杂草：亩用30%乳油100～150毫升，播种（催芽）后杂草出土

前，兑水50升均匀喷雾，药后畦面保持湿润。

◎抛秧田杂草：抛秧前1～2天或抛秧后杂草出土前，亩用30%乳油100毫升拌细沙15～20千克均匀撒入田中，田间保持浅水层3～5天，但水层不能淹没水稻心叶。

专家提醒

1. 用药时间不宜太迟，杂草萌发期用药效果最佳，稗草1.5叶期后影响防效。

2. 高渗漏的稻田中不宜使用，容易产生轻药害。

3. 只能做芽前土壤处理，主要防治禾本科杂草、莎草科杂草及部分阔叶杂草，建议与苄嘧磺隆等防治阔叶杂草的除草剂混用，以扩大杀草谱。

丙炔噁草酮

英文名称	oxadiargyl
其他名称	稻思达
主要剂型及含量	80%水分散粒剂，80%可湿性粉剂，10%、25%、38%可分散油悬浮剂

◆ 作用机理与特点

丙炔噁草酮属二唑酮类芽期选择性触杀型除草剂，对水稻田一年生禾本科、莎草科、阔叶杂草和某些多年生杂草效果显著，对恶性杂草四叶萍有良好的防效。药剂主要通过接触敏感杂草幼芽吸收，破坏生长点的细胞组织及叶绿素，导致幼芽枯萎死亡。

◆ 适用作物与防治方法

适用于马铃薯田、水稻移栽田等。

◎水稻移栽田杂草：插秧前，耙地之后耢平，趁田水浑浊时亩用80%可湿性粉剂6克兑水15升均匀泼浇稻田。配制药液时要先将药剂溶于少量水中，而后充分搅拌均匀，施药之后要间隔3天以上再插秧。

◎水稻移栽田杂草：插秧后3～5天，亩用80%水分散粒剂6～8克拌细沙15～20千克，充分拌匀后均匀撒施到田里，或亩用25%可分散油悬浮剂20～25毫升撒施。施药时应有3～5厘米水层，施药后至少保持该水层5～7天，缺水补水，切勿进行大水漫灌，以防淹没稻苗心叶。

专家提醒

1. 不宜用在弱苗田、制种田、抛秧田及糯稻田，否则易产生药害。
2. 施药过量、稻田高低不平、缺水、水淹没稻苗心叶或施药不均匀等容易造成药害。
3. 在杂草发生严重地块，应与磺酰脲类除草剂混用或搭配使用，以扩大杀草谱。
4. 不推荐在直播水稻田及盐碱地水稻田中使用。

丙炔氟草胺

英文名称　　flumioxazin

其他名称　　速收

主要剂型及含量　50%可湿性粉剂、51%水分散粒剂

❖ 作用机理与特点

丙炔氟草胺属环酰亚胺类除草剂，作用机理主要是抑制叶绿素合成关键酶原卟啉原氧化酶，处理后原卟啉在敏感植物体内聚积，导致光敏作用和细胞膜脂质的过氧化，造成细胞膜功能和结构不可逆的破坏。丙炔氟草胺为由幼芽和叶片吸收的除草剂，做土壤处理可有效防除1年生阔叶杂草和部分禾本科杂草。在环境中易降解，对后茬作物安全。大豆、花生对其有很好的耐药性。

适用作物与防治方法

适用于大豆田、大蒜田、非耕地、柑橘园、花生田、棉花田等。

◎大豆、花生田杂草：播种后出苗前，亩用50%可湿性粉剂8～10克，兑水均匀喷雾浅表土。

◎柑橘园杂草：亩用50%可湿性粉剂8～10克，定向茎叶喷雾，避免药液喷洒到橘叶片和嫩梢。

专家提醒

1. 大豆发芽后施药易产生药害，所以必须在苗前施药。
2. 土壤干燥影响药效，应先灌水后播种再施药。
3. 禾本科杂草和阔叶杂草混生的地区，应与防除禾本科杂草的除草混合使用，效果会更好。

草铵膦

英文名称	glufosinate-ammonium
其他名称	保试达、克立妥、法姆乐、百速顿
主要剂型及含量	18%可溶液剂、60克/升、120克/升、150克/升、200克/升水剂

作用机理与特点

草铵膦是有机磷类非传导性触杀型灭生性除草剂，其作用机理是抑制谷氨酰胺合成酶（GS）的活性，造成植物氮代谢失调，必需氨基酸缺乏，最终导致细胞内氨的含量过量而中毒，随之叶绿素解体，植物死亡。内吸作用不强，具有高效、低毒、杀草谱广、活性高、用量少等特点。该药先杀叶，通过植物蒸腾作用可以在植物木质部进行传导，属低毒除草剂，对哺乳动物安全。

适用作物与防治方法

适用于茶园、冬枣园、柑橘园、梨园、荔枝园、葡萄园、桃园、杨梅园、桑园、蔬菜地、豇豆田非耕地等。

◎茶园、柑橘园、梨园、葡萄园和蔬菜地杂草：亩用18%可溶液剂200～300毫升兑水30升，定向茎叶喷雾。

◎非耕地杂草：亩用200克/升水剂350～500毫升兑水30升，茎叶喷雾。

> **专家提醒**
>
> 1. 防除小飞蓬和难防杂草，宜全株喷湿喷透，以保证防效。
> 2. 施用时须防止漂移到非靶标作物上。

二甲戊灵

英文名称	pendimethalin
其他名称	施田补、田普、除芽通
主要剂型及含量	330克/升乳油，450克/升微囊悬浮剂

❖ 作用机理与特点

二甲戊灵属苯胺类除草剂，是一种选择性芽前触杀型土壤封闭除草剂，通过杂草幼芽、茎和根吸收，进入杂草体内后与微管蛋白结合，从而抑制细胞的有丝分裂，造成杂草死亡。该药具有持效期长、对作物安全的特点，对2叶期以内一年生禾本科杂草及阔叶杂草有效，但对多年生杂草效果差。

❖ 适用作物与防治方法

适用于白菜田、春大豆田、春玉米田、大豆田、大蒜田、甘蓝田、花生田、姜田、韭菜田、马铃薯田、水稻旱育秧田、水稻旱直播田、水稻秧田、水稻移栽田、直播水稻田、西兰花田、洋葱田、玉米田等。

◎韭菜田一年生杂草：播后芽前，亩用330克/升乳油100～150毫升，兑水均匀喷雾表土层。

◎白菜、甘蓝田一年生杂草：移栽前，亩用330克/升乳油100～150毫升兑水45升均匀喷雾表土层。

◎玉米田、水稻旱育秧田、花生田杂草：播后苗前，亩用330克/升乳油

150~200毫升兑水60升均匀喷雾表土层。

◎大蒜田一年生杂草：亩用330克/升乳油125~150毫升兑水均匀喷雾表土层。

◎洋葱田一年生杂草：亩用330克/升乳油150~200毫升兑水均匀喷雾表土层。

> **专家提醒**
>
> 1.大棚作物慎用。土壤沙性重，有机质含量低的田块易产生药害，宜低剂量使用，黏土田宜用高剂量。
>
> 2.播后苗前用药的蔬菜应注意适当增加播种量，特别是小粒种子应播于2厘米以下的土层或盖1层薄土，然后施药，避免种子及作物生长点与药土层直接接触。
>
> 3.低温或施药后下大雨的情况下，土壤持水量长时间处于饱和状态可能会影响药效。
>
> 4.一般不可以混土，如确需混土，必须用专业机械均匀混土，并确保混土深度为3~5厘米。

二氯吡啶酸

英文名称　　clopyralid

其他名称　　毕草克、龙拳

主要剂型及含量　　30%水剂、75%水分散粒剂、75%可溶粒剂

❖ 作用机理与特点

二氯吡啶酸主要通过植物的根和叶吸收，然后在植物体内传导，其传导性能较强。对杂草施药后，它被植物的叶片或根部吸收，在植物体中上下移动并迅速传导到整个植株。低浓度的二氯吡啶酸能够刺激植物的DNA、RNA和蛋白质的合成从而导致细胞分裂的失控和无序生长，最后导致维管束被破坏；高浓度的二氯吡啶酸则能够抑制细胞的分裂和生长。

❖ 适用作物与防治方法

适用于春小麦田、春油菜、春油菜田、春玉米田、冬油菜田、非耕地、免耕春油菜田、甜菜田、夏玉米田、油菜田、玉米田等。

◎ 春小麦田一年生阔叶杂草：亩用30%水剂45~60克茎叶喷雾。

◎ 春油菜田一年生阔叶杂草：亩用30%水剂35~60克或75%可溶粒剂10~16克茎叶喷雾。

◎ 玉米田一年生阔叶杂草：亩用30%水剂30~40毫升茎叶喷雾。

◎ 夏玉米田一年生阔叶杂草：亩用75%水分散粒剂15~25克茎叶喷雾。

◎ 冬油菜田阔叶杂草：亩用75%可溶粒剂8~10克茎叶喷雾。

专家提醒

1. 在芥菜型油菜田使用易产生药害。

2. 对刺儿菜、苣荬菜等大部分阔叶杂草防除效果较好，但对禾本科杂草无防效。

3. 施药时应避免药液漂移到敏感作物如大豆、花生、莴苣等上，以免造成药害。

氟唑磺隆

英文名称　　　flucarbazone-Na

其他名称　　　彪虎

主要剂型及含量　5%、10%、35%可分散油悬浮剂，70%水分散粒剂

❖ 作用机理与特点

氟唑磺隆属磺酰脲类内吸型高效小麦田除草剂，可被杂草的根和茎叶吸收，通过抑制杂草体内乙酰乳酸合成酶的活性，破坏杂草正常的生理生化代谢而发挥除草活性。对野燕麦、雀麦、看麦娘等禾本科杂草和多种双子叶杂草有明显防效。可防除小麦田大部分禾本科杂草和部分阔叶杂草。在小麦植

株内可快速代谢，对小麦安全性高。

❖ 适用作物与防治方法

适用于小麦田。

◎春小麦田一年生杂草：小麦3叶期，杂草2叶期，亩用70%水分散粒剂2～3克、兑水30～40升茎叶喷雾。

◎冬小麦田一年生杂草：小麦3叶期，杂草2叶期，亩用70%水分散粒剂3～4克、兑水30～40升茎叶喷雾。

> **专家提醒**
>
> 1.每季最多使用1次。
>
> 2.对鱼类等水生生物、蜜蜂、家蚕有毒，施药期间应避免对周围蜂群的影响，禁止在开花植物花期、蚕室和桑园附近使用。赤眼蜂等天敌放飞区域禁用。
>
> 3.使用该药9个月后，可以种植萝卜、大麦、红花、油菜、大豆、菜豆、向日葵、亚麻和马铃薯，11个月后可种植豌豆，24个月后可种植小扁豆。

禾草灵

英文名称　　diclofop-methyl

其他名称　　伊洛克桑

主要剂型及含量　　28%、36%乳油

❖ 作用机理与特点

禾草灵属芳氧苯氧丙酸酯类选择性茎叶处理除草剂，可被植物根、茎、叶吸收，主要作用部位是分生组织。使植物细胞膜和叶绿体受到破坏而死亡。具有局部内吸作用，但在体内传导作用差，仅用于防治一年生禾本科杂草。

❖ 适用作物与防治方法

适用于春小麦田等。

◎ 春小麦田一年生禾本科杂草：亩用28%乳油200～250毫升，或36%乳油180～200毫升，兑水35～40升茎叶喷雾。

> **专家提醒**
>
> 1. 不宜在玉米、高粱、谷子和棉花田中使用。
> 2. 不能与2甲4氯等苯氧乙酸类混用，也不宜与氮肥混用。
> 3. 土地湿度高时有利于药效发挥，宜在施药后1～2天内灌水。

磺草酮

英文名称	sulcotrione
其他名称	磷草酮
主要剂型及含量	15%水剂，26%悬浮剂

❖ 作用机理与特点

磺草酮是一种用于防除玉米田阔叶杂草及禾本科杂草的酮类除草剂。通过抑制羟基苯基丙酮酸酯双氧化酶的合成，导致络氨酸的积累，使质体醌和生物酚的生物合成受阻，进而影响到类胡萝卜素的生物合成，杂草出现白化后死亡。该药主要通过杂草幼根吸收传导而起作用。

❖ 适用作物与防治方法

适用于玉米田。

◎ 春玉米田一年生杂草：亩用15%水剂400～500毫升茎叶喷雾。
◎ 夏玉米田一年生杂草：亩用15%水剂300～400毫升茎叶喷雾。

> **专家提醒**
>
> 1.兼有土壤和茎叶处理活性,杂草叶片及根系均可吸收,土壤湿度大有利于药效的充分发挥。
>
> 2.施药后玉米叶片可能会出现轻微触杀性药害斑点,属正常情况,一般一周后可恢复生长,不影响玉米生长。

甲草胺

英文名称	alachlor
其他名称	拉索、澳特拉索、草不绿
主要剂型及含量	43%乳油、480克/升微囊悬浮剂

❖ 作用机理与特点

甲草胺属酰胺类除草剂,可抑制蛋白酶活动,干扰蛋白质合成,造成芽和根停止生长,使不定根无法形成。为选择性芽前除草剂,可被植物幼芽吸收(单子叶植物为胚芽鞘、双子叶植物为下胚轴),吸收后向上传导。

❖ 适用作物与防治方法

适用于春玉米田、大葱田、大豆田、大蒜田、花生田、姜田、水稻移栽田、夏大豆田、夏玉米田、移栽水稻田、玉米田等。

◎大豆田一年生禾本科杂草及部分小粒种子阔叶杂草:东北地区亩用480克/升微囊悬浮剂350～400毫升,其他地区亩用250～350毫升兑水喷雾。

◎夏大豆田一年生禾本科杂草及部分阔叶杂草:播后苗前,亩用43%乳油200～300毫升兑水喷雾。

> **专家提醒**
>
> 1. 如遇干旱天气又无灌溉条件，应采用播前混土法，否则难以发挥药效。
> 2. 对水藻等水生生物毒性较高，应远离水产养殖区施药。
> 3. 土壤有机质含量高用推荐剂量的上限，有机质含量低用下限。

精吡氟禾草灵

英文名称　　　　fluazifop-P

其他名称　　　　精稳杀得

主要剂型及含量　150克/升、15%乳油

❖ 作用机理与特点

精吡氟禾草灵属芳氧苯氧基丙酸酯类除草剂，是内吸传导型茎叶处理剂，作用机理主要是通过抑制乙酰辅酶A羧化酶抑制脂肪酸合成。易被植物吸收，并迅速被水解为相应的酸，通过木质部而达到植物的生长部位。杂草吸收药剂的主要部位是茎和叶，施入土壤后药剂也可通过根系吸收，48小时后杂草出现中毒症状，首先停止生长，随之芽和节的分生组织出现枯斑，心叶和其他叶片部位逐渐变紫色或黄色，枯萎死亡。对禾本科杂草具有很强的杀伤作用，对阔叶作物安全。

❖ 适用作物与防治方法

适用于春大豆田、大豆、大豆田、冬油菜、冬油菜田、花生、花生田、甜菜、夏大豆田、非耕地等。

◎一年生和多年生禾本科杂草：在2～4叶期，亩用15%乳油50～70毫升，兑水喷雾杂草茎叶。

> **专家提醒**
>
> 1.每季作物最多使用1次。在禾本科杂草2~4叶期施药效果最佳；干旱、杂草植株较大时及防除多年生禾本科杂草，应增加药量和水量。施用后禾本科杂草完全枯死需要2~3周时间，无须重复施药。
>
> 2.施药时避免药液漂移到水稻、玉米、小麦等禾本科作物田，否则有药害。
>
> 3.在土地湿度较高时，除草效果较好，在高温干旱条件下施药，杂草茎叶未能充分吸收药剂，此时要施用剂量的高限。

精喹禾灵

英文名称 quizalofop-P

其他名称 精禾草克

主要剂型及含量 10%、15%、50克/升乳油

❖ 作用机理与特点

精喹禾灵属芳氧苯氧丙酸酯类除草剂，通过杂草茎叶吸收，在植物体内向上和向下双向传导，积累在顶端及居间分生组织，抑制细胞脂肪酸合成，使杂草坏死。该药是一种高度选择性的旱田茎叶处理剂，在禾本科杂草和双子叶作物间有高度的选择性，对阔叶作物田的禾本科杂草有很好的防效。具有作用速度快，药效稳定，不易受雨水气温及湿度等环境条件影响等特点。

❖ 适用作物与防治方法

适用于春大豆田、春油菜田、大白菜田、大豆田、冬油菜田、非耕地、甘薯田、红小豆田、花生田、绿豆田、马铃薯田、西瓜田、夏大豆田、小葱田、油菜田、芝麻田等。

◎大白菜、西瓜地一年生禾本科杂草：3~5叶期，亩用50克/升乳油40~60毫升兑水15~30升茎叶处理。

◎ 大豆、花生、油菜地一年生禾本科杂草：3～5叶期，亩用50克/升乳油50～80毫升兑水15～30升茎叶处理。

◎ 芝麻地一年生禾本科杂草：3～5叶期，亩用50克/升乳油50～60毫升兑水15～30升茎叶处理。

> **专家提醒**
>
> 1. 避免药物漂移到小麦、玉米、水稻等禾本科作物上。
> 2. 在干燥或杂草密度或草龄较大时，使用高剂量。
> 3. 大风天或预计1小时内有雨天，请勿施药。

精异丙甲草胺

英文名称	s-metolachlor
其他名称	金都尔
主要剂型及含量	960克/升乳油

❖ 作用机理与特点

精异丙甲草胺属酰胺类高效、广谱选择性芽前除草剂，主要通过萌发杂草的芽鞘、幼芽吸收而发挥杀草作用。其作用机理是抑制杂草的蛋白质合成，抑制胆碱渗入磷脂，干扰卵磷脂形成。具有安全性好、持效期长的特点，适用于作物播后苗前或移栽前土壤处理。在田间的持效期长达50～60天，可控制整个作物生育期杂草为害。

❖ 适用作物与防治方法

适用于菜豆田、春大豆田、春玉米田、大豆田、大蒜田、冬油菜田、冬枣园、番茄田、甘蓝田、花生田、马铃薯田、甜菜田、西瓜田、夏大豆田、夏玉米田、洋葱田、油菜（移栽田）、玉米田、芝麻田等。

◎ 露地栽培春花生田：播后苗前，亩用960克/升乳油50～100毫升兑水30升喷雾表土层。

◎油菜田：播种前或移栽前，亩用960克/升乳油50～100毫升兑水30升喷雾表土层。

◎玉米、大蒜田：播后苗前，亩用960克/升乳油55～85毫升兑水30升喷雾表土层。

◎甘蓝田：移栽前，亩用960克/升乳油70～130毫升兑水30升喷雾表土层。

◎西瓜田：移栽前，亩用960克/升乳油40～70毫升兑水30升喷雾表土层。

◎番茄田：移栽前，亩用960克/升乳油50～65毫升兑水30升喷雾表土层。

◎甜菜田：播后苗前，亩用960克/升乳油75～90毫升兑水30升喷雾表土层。

◎菜豆田、马铃薯田、芝麻田、大蒜田：播后苗前，亩用960克/升乳油50～65毫升兑水30升喷雾表土层。

◎春大豆田：播后苗前，亩用960克/升乳油80～120毫升兑水30升喷雾表土层。

◎夏大豆田：播后苗前，亩用960克/升乳油60～85毫升兑水30升喷雾表土层。

专家提醒

1. 该药只作土壤处理用，对萌发而未出土的杂草有效，对已出土的杂草无效。对禾本科杂草效果优于阔叶杂草。

2. 土壤质地疏松、有机质含量低、低洼地水分好时，用低药量；土壤有机质含量高、岗地水分少时，用高药量。

3. 干旱不利于该药剂发挥药效，最好在降雨或灌溉后施用，或适当增加用水量。

4. 西瓜对该药剂较敏感，应谨慎使用。勿在水旱轮作栽培的西瓜田以及在双重及双重以上保护地（如地膜＋大棚、地膜＋拱棚、地膜＋拱棚＋大棚）西瓜田使用。

5. 该药剂淋溶性好，易随雨水在土层内下移。雨季或雷阵雨多时不宜使用。

绿麦隆

英文名称　　　　chlortoluron

主要剂型及含量　25%可湿性粉剂

❖ 作用机理与特点

绿麦隆属脲类内吸选择性除草剂，具有向顶和向基输导性。药剂主要通过植物的根部吸收，叶片也能吸收一部分。药剂进入植物体后，抑制植物的光合作用中的希尔反应，干扰电子传递过程，使叶片褪绿，不能制造养分而死亡。药后3天杂草表现中毒症状，叶片褪绿，叶尖和心叶相继失绿，约10天杂草枯死。该药的作用速度较慢，一般在施药后二周左右开始见效。

❖ 适用作物与防治方法

适用于春小麦田、春玉米田、大麦田、冬小麦田、夏玉米田、小麦田、玉米田等。对多种禾本科及阔叶杂草有效，如看麦娘、早熟禾、野燕麦、繁缕、藜、婆婆纳等，对鼠尾看麦娘有特效，但对猪殃殃、田旋花、问荆、锦葵、苣荬菜、酸模、蓼等杂草无效。

◎大麦、小麦、玉米田一年生杂草：播后苗前或苗期，北方地区亩用25%可湿性粉剂400～800克，南方地区亩用160～400克兑水喷雾。

专家提醒

1.在小麦播后苗前做土壤处理，每亩兑水量不应少于50千克，均匀喷雾。土壤过干，可在抗旱渗水后立即使用。

2.油菜、蚕豆、豌豆、红花、苜蓿等作物较敏感，施药时应避免漂移到上述作物，以防产生药害。

3.在稻麦轮作区的小麦田，使用时一定要均匀喷雾，否则易对后茬水稻产生药害。麦播种后覆土要严密，否则对露籽麦会产生药害。

氯氟吡氧乙酸（异辛酸）

英文名称　　　　fluroxypyr

其他名称　　　　氟草定、氟草烟、使它隆、盾隆

主要剂型及含量　20％乳油

❖ 作用机理与特点

氯氟吡氧乙酸属吡啶氧乙酸类除草剂，是内吸传导型苗后除草剂，药后很快被植物吸收，使敏感植物出现典型激素类除草剂的反应，植株畸形、扭曲，最终枯死。在土壤中很快被分解，对后茬作物无影响。

❖ 适用作物与防治方法

适用于春小麦田、春玉米田、冬小麦田、水稻田（直播）、水稻移栽田、夏玉米田、小麦田、移栽水稻田、玉米田、水田畦畔、非耕地等。可防除猪殃殃、卷茎蓼、马齿苋、龙葵、繁缕、巢菜、田旋花、鼬瓣花、酸模叶蓼、柳叶刺蓼、反枝苋、鸭跖草、香薷、遏蓝菜、野豌豆、播娘蒿及小旋花等各种阔叶杂草，对禾本科和莎草科杂草无效。

◎冬小麦田杂草：亩用20％乳油50～70毫升，兑水喷雾。

◎玉米田阔叶杂草：亩用20％乳油70～100毫升，兑水喷雾。

◎非耕地及水稻田埂杂草：亩用20％乳油75～150毫升，兑水喷雾。

专家提醒

1．大豆、花生、甘薯、甘蓝、油菜、蚕豆、豌豆、红花、苜蓿等阔叶作物敏感，施药时要注意漂移问题，以防产生药害。

2．每季最多使用1次。

氯氟吡氧乙酸异辛酯

英文名称	fluroxypyr-mepthyl
其他名称	使它隆、鼎隆
主要剂型及含量	200克/升、288克/升乳油，50%可分散油悬浮剂，20%悬浮剂，20%水乳剂

❖ 作用机理与特点

氯氟吡氧乙酸异辛酯属内吸传导型苗后茎叶处理除草剂，施药后很快被杂草吸收，转化成氯氟吡氧乙酸起除草作用。敏感植物出现典型激素类除草剂的反应并传导到全株各部位，使植株畸形、扭曲，最后死亡。对作物安全，在耐药作物体内，可结合轭合物而失去毒性。在土壤中易降解，半衰期较短，不会对后茬作物造成药害。

❖ 适用作物与防治方法

适用于春小麦田、春玉米田、冬小麦田、非耕地、水稻田（直播）、水稻移栽田、水田畦畔、夏玉米田、小麦田、玉米田等。

◎玉米田杂草：玉米苗后6叶期之前，杂草2~5叶期，亩用200克/升乳油60~70毫升，兑水喷雾。

◎田旋花、小旋花、马齿苋等难防杂草，亩用200克/升乳油100毫升，兑水喷雾。

◎非耕地及水田畦畔杂草：杂草2~5叶期，亩用200克/升乳75~150毫升，兑水茎叶喷雾。

◎水稻田埂空心莲子草：亩用200克/升乳油50~70毫升，兑水喷雾。

专家提醒

1. 应在气温低、风速小时，喷施药剂；空气相对湿度低于65%、气温高于28℃、风速超过4米/秒时，停止施药。
2. 避免在茶园及其附近地块使用。

麦草畏

英文名称　　　　dicamba
其他名称　　　　百草敌、麦草威
主要剂型及含量　48%水剂

◆ 作用机理与特点

麦草畏属安息香酸类除草剂，具有内吸传导作用，对一年生或多年生阔叶杂草有效。药剂被杂草吸收，集中在分生组织及代谢活动旺盛部位，阻碍植物激素的正常活动而使植物死亡。禾本科植物吸收药剂后能进行代谢分解使之失效，从而对其表现较强的抗药性，故对小麦、玉米等禾本科作物比较安全。一般阔叶杂草在24小时内即出现畸形卷曲症状，15~20天死亡。

◆ 适用作物与防治方法

适用于春小麦田、春玉米田、冬小麦田、非耕地、夏玉米田、小麦、小麦田、玉米、玉米田等。用于防除猪殃殃、荞麦蔓、藜、牛繁缕、大巢菜、播娘蒿、苍耳、薄朔草、田旋花、问荆、鳢肠、一年蓬、艾蒿、葎草等阔叶杂草。

◎小麦、玉米等禾本科作物阔叶杂草：亩用48%水剂20~30毫升兑水喷雾。

专家提醒

每季最多使用1次。

咪唑喹啉酸

英文名称　　　　imazaquin
其他名称　　　　灭草喹
主要剂型及含量　5%水剂

❖ 作用机理与特点

咪唑喹啉酸属咪唑啉酮类高效广谱除草剂，是乙酰乳酸合成酶（ALS）或乙酸羟酸合成酶（AHAs）的抑制剂，即通过抑制植物的乙酰乳酸合成酶，阻止支链氨基酸如缬氨酸、亮氨酸、异亮氨酸的生物合成，从而破坏蛋白质的合成，干扰DNA合成及细胞分裂与生长，最终造成植株死亡。通过植株的叶与根吸收，在木质部与韧皮部传导，积累于分生组织中。茎叶处理后，敏感杂草立即停止生长，经2~4天后死亡。土壤处理后，杂草顶端分生组织坏死，生长停止，而后死亡。

❖ 适用作物与防治方法

适用于春大豆田等，可有效防除苋菜、蓼、藜、龙葵、苘麻、苍耳、黍等一年生阔叶杂草；对刺儿菜、苣荬菜、鸭跖草有抑制作用。

◎ 春大豆田一年生阔叶杂草：亩用5%水剂150~200毫升兑水喷雾。

> **专家提醒**
>
> 1. 仅限于连续种植春大豆地区使用。
> 2. 每季最多使用1次。
> 3. 该药剂在土壤中的残效期较长，施药后3年内不能种植白菜、油菜、黄瓜、马铃薯、茄子、辣椒、番茄、甜菜、西瓜、高粱、水稻等敏感作物。

灭草松

英文名称	bentazone
其他名称	排草丹、苯达松
主要剂型及含量	25%、480克/升、560克/升水剂

❖ 作用机理与特点

灭草松属咪唑啉酮类高效选择性除草剂。旱田使用时，通过叶片渗透传

导到叶绿体内抑制光合作用；水田使用时，还能通过根系吸收，传导到茎叶，阻碍杂草光合作用和水分代谢，使生理机能失调而致死。

❖ 适用作物与防治方法

适用于茶园、大豆田、花生地、马铃薯地、水稻抛秧田、水稻田（直播）、水稻移栽田、玉米田。主要防除双子叶杂草、水田莎草及其他单子叶杂草。

◎玉米、花生、马铃薯、大豆地，水稻田：亩用480克/升水剂125～200毫升，茎叶喷雾。

◎茶园：亩用25%水剂200～400毫升，茎叶喷雾。

> **专家提醒**
>
> 1. 严重干旱和水涝的田间不宜使用，否则易发生药害。
> 2. 水田使用时应在阔叶杂草及莎草大部分出齐时施药，将药剂均匀喷洒在杂草茎叶上，2天后灌水。
> 3. 灭草松在高温晴天活性高，除草效果好；反之，阴天和气温低时效果差。

氰氟草酯

英文名称　　cyhalofop-butyl

其他名称　　千金

主要剂型及含量　10%乳油，20%、25%水乳剂，20%、40%可分散油悬浮剂

❖ 作用机理与特点

氰氟草酯属芳氧苯氧丙酸酯类除草剂，是内吸传导型茎叶处理剂，可广泛应用于直播稻、抛秧田防除千金子、双穗雀稗、马唐、牛筋草等禾本科杂草。药剂通过叶片、叶鞘吸收。其作用机理是抑制杂草体内乙酰辅酶A羧化酶的形成，从而阻止脂肪酸合成，影响细胞的正常生长分裂，破坏膜系统等含脂结构，最终导致杂草死亡。该药属低毒除草剂。推荐剂量下使用，对水稻

安全。

❖ 适用作物与防治方法

适用于水稻插秧田、水稻田（直播）、水稻秧田和南方直播田、移栽水稻田等。

◎水稻秧田稗草：1.5～2.5叶期，亩用10%乳油100～200毫升兑水30升喷雾。

◎水稻直播田千金子：2～3叶期，亩用10%乳油100～200毫升兑水30升喷雾。

专家提醒

1. 不建议与阔叶草除草剂混用，不宜和灭草松混用，否则影响防效。

2. 该药对莎草科杂草和阔叶杂草无效，如稻田稗草、千金子等禾本科杂草密度或草龄较大，宜适当增加药量。

3. 施药前要排干田水，使杂草茎叶2/3以上露出水面，施药后2～3天灌水，并保持3～5厘米浅水层5～7天。

4. 对人、畜低毒，对皮肤无刺激作用，对眼睛有轻微刺激，对鱼中等毒性。

炔草酯

英文名称　　clodinafop-propargyl
主要剂型及含量　8%乳油、15%水乳剂、24%微乳剂、15%可湿性粉剂

❖ 作用机理与特点

炔草酯属芳氧苯氧丙酸类除草剂，能有效抑制类酯的生物合成为乙酰辅敏A羟化酶抑制剂，在土壤中很快降解为游离酸，苯基和吡啶部分进入土壤。

❖ 适用作物与防治方法

适用于小麦田。

◎ 春小麦田一年生禾本科杂草：亩用15%水乳剂20~30毫升茎叶喷雾。

◎ 冬小麦田一年生禾本科杂草：亩用8%乳油40~55毫升，或15%可湿性粉剂20~30克，或15%微乳剂25~35毫升，或24%微乳剂15~20毫升茎叶喷雾。

专家提醒

1. 大麦或燕麦田不能使用。

2. 防治小麦田一年生禾本科杂草，按推荐剂量，苗后全田均匀喷雾，在大多数杂草出苗后施药效果最佳。

乳氟禾草灵

英文名称	lactofen
其他名称	克阔乐
主要剂型及含量	24%乳油

❖ 作用机理与特点

乳氟禾草灵属二苯醚类选择性苗后茎叶处理除草剂，为原卟啉原氧化酶抑制剂。通过植物茎叶吸收，在体内进行有限的传导，通过破坏细胞膜的完整性而导致细胞内含物的流失，最后使杂草叶片干枯而致死。在充足光照条件下，施药后2~3天，敏感的阔叶杂草叶片出现灼伤斑，并逐渐扩大，整个叶片变枯，最后全株死亡。杀草速度较快，施药后2~4天即可见效。每季最多使用1次。施入土壤易被微生物分解。

❖ 适用作物与防治方法

适用于春大豆田、大豆田、花生、花生田、夏大豆田等。

◎ 花生田一年生阔叶杂草：亩用24%乳油23~30毫升茎叶喷雾。

◎ 春大豆田一年生阔叶杂草：在大豆苗后早期，杂草2～3叶期，亩用24%乳油30～40克兑水40～60升茎叶喷雾。

◎ 夏大豆田一年生阔叶杂草：在大豆苗后早期，杂草2～3叶期，亩用24%乳油25～30克兑水40～60升茎叶喷雾。

> **专家提醒**
>
> 1. 安全性较差，施药时应尽可能保证药液均匀，做到不重喷、不漏喷，且严格限制用药量。
> 2. 施药后，作物茎、叶片可能出现枯斑或黄化现象，为暂时接触性药斑，不影响新叶的生长，1～2周便恢复正常，不影响产量。
> 3. 对4叶期以前生长旺盛的杂草活性高，低温、干旱不利于药效的发挥。
> 4. 防除大龄阔叶草及苘麻、苍耳等恶性阔叶草时，应采用推荐的上限用量。

噻吩磺隆

英文名称　　thifensulfuron-methyl

其他名称　　阔叶散

主要剂型及含量　　15%、20%、25%可湿性粉剂，75%水分散粒剂

◆ 作用机理与特点

噻吩磺隆属磺酰脲类除草剂，是内吸传导型选择性除草剂，可被杂草叶、根吸收，并迅速在杂草体内传导，通过阻碍侧链氨基酸（缬氨酸、亮氨酸、异亮氨酸）的生物合成，阻止细胞有丝分裂，致使杂草停止生长死亡。一般施药后，敏感杂草立即停止生长，1周后死亡。

◆ 适用作物与防治方法

适用于春大豆田、春玉米田、大豆田、冬小麦田、花生田、马铃薯田、夏

大豆田、夏花生田、夏玉米田、小麦田、玉米田等。

◎夏大豆田和夏玉米田一年生阔叶杂草：播后苗前，亩用15%可湿性粉剂8～12克或亩用20%可湿性粉剂8～10克兑水喷雾表土层。

◎冬小麦田一年生阔叶杂草：冬小麦苗后，亩用20%可湿性粉剂8～12克茎叶喷雾。

◎大豆田一年生阔叶杂草：播后苗前，亩用25%可湿性粉剂6～8克或亩用75%水分散粒剂2～3克兑水喷雾表土层。

专家提醒

1. 不宜采用超低量或航空喷雾，喷雾应均匀，重喷可能会出现药害。

2. 施药时避免药液漂移到阔叶作物上，后茬为棉花、花生等阔叶作物时，必须在后茬作物播前30～40天施药。

双草醚

英文名称	bispyribac-sodium
其他名称	农美利
主要剂型及含量	5%、20%、40%、100克/升悬浮剂，10%可分散油悬浮剂

❖ 作用机理与特点

双草醚属嘧啶水杨酸类稻田除草剂，是高活性的乙酰乳酸合成酶（ALS）抑制剂。药剂能很快被杂草的茎叶吸收，并传导至整个植株，最终抑制植物分生组织生长，从而杀死杂草。高效、广谱、用量低。

❖ 适用作物与防治方法

适用于非耕地、水稻抛秧田、水稻田（直播）、水稻移栽田、直播水稻（南方）、直播水稻田等，有效防除稻田稗草及其他禾本科杂草，兼治大多数阔叶杂草、一些莎草科杂草及对其他除草剂产生抗性的稗草。

◎ 直播稻田：稗草3～5叶期，亩用100克/升悬浮剂20～25毫升，兑水25～30升，均匀茎叶喷雾杂草。

◎ 移栽田、抛秧田：秧苗返青杂草出土后，亩用100克/升悬浮剂20～25毫升，兑水25～30升，均匀喷雾杂草茎叶。施药前排干田水，使杂草全部露出，施药后1～2天灌水，保持3～5厘米水层4～5天。

专家提醒

1. 该药只能用于稻田除草，请勿用于其他作物。
2. 粳稻品种喷施该药后有叶片发黄现象，4～5天即可恢复，不影响产量。
3. 对稗草和双穗雀稗有特效，稗草1～7叶期均可用药，稗草小，用低剂量，稗草大则用高剂量。
4. 该药剂在直播水稻出苗后到抽穗前均可使用，移栽田和抛秧田要在移栽、抛秧15天以后使用，以避免用药过早，因秧苗耐药性差而出现药害。

双氟磺草胺

英文名称　　florasulam

其他名称　　麦喜为、麦施达

主要剂型及含量　　5%悬浮剂、10%可湿性粉剂

❖ 作用机理与特点

双氟磺草胺属磺酰胺类除草剂，通过杂草叶片、叶鞘、茎或根吸收后，在生长点累积，抑制乙酰乳酸合成酶，无法合成支链氨基酸（如缬氨酸、亮氨酸和异亮氨酸），进而影响蛋白质合成，最终影响杂草的细胞分裂，造成杂草停止生长，黄化，然后枯死。

❖ 适用作物与防治方法

适用于冬小麦、冬小麦田、小麦田、玉米田等。主要防除冬小麦田猪殃殃、播娘蒿、麦家公、荠菜、繁缕等阔叶杂草。

◎冬小麦田一年生阔叶杂草：出苗后至拔节前，阔叶杂草3～6叶期，5%悬浮剂5～6毫升/亩、10%可湿性粉剂2.5～3克/亩茎叶喷雾。

专家提醒

1. 大风天或预计1小时内降雨时，请勿施药。
2. 对藻类毒性高。水产养殖区、河流、池塘等水体附近禁用。

甜菜安

英文名称	desmedipham
其他名称	甜草灵、双苯胺灵
主要剂型及含量	160克/升乳油

❖ 作用机理与特点

甜菜安属氨基甲酸酯类选择性苗后茎叶处理剂，药物通过杂草茎叶吸收，传导到各部分，使杂草的光合同化作用遭到破坏而杀死杂草。

❖ 适用作物与防治方法

适用于草莓田、甜菜田等。用于防除子叶期至4叶期大多数一年生阔叶杂草。对反枝苋、滨藜藜、卷茎蓼、马齿苋、龙葵、苍耳等阔叶杂草有特效。

◎草莓田阔叶杂草：2～6叶期，亩用160克/升乳油300～400毫升，茎叶喷雾。

> **专家提醒**
>
> 1. 高温（超过30℃）干旱条件下使用除草效果不好，且宜导致药害，建议傍晚时分用药。
> 2. 遇到异常天气、营养缺乏或病虫害侵入，会使草莓自身解毒能力下降，从而对药物特别敏感，易发生药害，此时应谨慎使用。
> 3. 不宜使用冷冻水配药，尤其是刚抽出的井水，应现配现用。

五氟磺草胺

英文名称	penoxsulam
其他名称	稻杰
主要剂型及含量	5%、25克/升可分散油悬浮剂，0.03%、0.12%颗粒剂，22%、24%悬浮剂

❖ 作用机理与特点

五氟磺草胺是磺酰胺类内吸传导型选择性茎叶处理除草剂，作用机理是抑制乙酰乳酸合成酶（ALS）的活性，导致支链氨基酸生物合成和细胞分裂受阻，从而引起杂草中毒死亡。药剂经茎叶、幼芽及根系吸收，通过木质部和韧皮部传导至分生组织，抑制杂草生长，使生长点失绿，处理后7～14天顶芽变红、坏死，2～4周杂草死亡。推荐剂量下使用，对水稻安全。

❖ 适用作物与防治方法

适用于各种水稻田等，主要防除稗草、一年生阔叶草和一年生莎草等杂草。

◎水稻本田杂草：稗草2～3叶期，亩用25克/升可分散油悬浮剂80毫升兑水30升茎叶喷雾；稗草3～5叶期，亩用25克/升可分散油悬浮剂100毫升兑水30升茎叶喷雾。施药时需排干田水，药后2天复水，并保持3～5厘米浅水层（以不淹没秧心为准）5～7天。缺水情况下，施药时至少保持土壤湿润，药后及早灌水。

◎水稻秧田杂草：稗草2～3叶期，亩用25克/升可分散油悬浮剂80毫升兑水30升茎叶喷雾。施药时需排干田水，药后2天复水，并保持3～5厘米浅水层（以不淹没秧心为准）5～7天。缺水情况下，施药时至少保持土壤湿润，药后及早灌水。

> **专家提醒**
>
> 1. 旱播旱管稻田由于缺水，极易出现药害。
> 2. 糯稻、部分粳稻在2叶期以内较敏感，药害症状一般在10天内可消失。
> 3. 防除低敏感性阔叶杂草和对磺酰脲类除草剂有抗性的鸭舌草、丁香蓼、耳叶水苋等。

烯草酮

英文名称	clethodim
主要剂型及含量	120克/升、240克/升、24%、30%、35%乳油，12%可分散油悬浮剂

❖ 作用机理与特点

烯草酮属环乙烯酮类除草剂，是旱田苗后内吸传导型高选择性的茎叶处理除草剂。药剂能被禾本科杂草茎叶迅速吸收并传导至茎尖及分生组织，抑制支链脂肪酸和黄酮类化合物的生物合成，破坏细胞分裂，抑制分生组织的活性，最终导致杂草死亡。可防除一年生和多年生禾本科杂草，在施药后1～3周内植株褪绿坏死。对双子叶作物安全。

❖ 适用作物与防治方法

适用于大豆田、马铃薯田和油菜田防除稗草、野燕麦、马唐、狗尾草、牛筋草、看麦娘、早熟禾、硬草等禾本科杂草。

◎大豆田杂草：杂草4～5叶期，亩用24%乳油20～30毫升，茎叶喷雾。

◎油菜田杂草：杂草4～5叶期，亩用24%乳油15～20毫升，茎叶喷雾。

◎马铃薯田杂草：杂草4～5叶期，亩用24%乳油20～40毫升，茎叶喷雾。

专家提醒

1. 夏季选择早、晚喷药，冬季选择晴天中午喷药，以利于药剂的吸收和药效的发挥。

2. 药液雾滴细小，容易附着在杂草叶面而不滚落，有利于提高杂草对药剂的吸收利用率。

烯禾啶

英文名称　　sethoxydim

其他名称　　拿捕净

主要剂型及含量　　12.5%、20%、25%乳油

❖ 作用机理与特点

烯禾啶属环己烯酮类内吸传导型选择性苗后除草剂，作用机理是抑制细胞有丝分裂，能被禾本科杂草茎叶迅速吸收，并传导到顶端和节间分生组织，使其细胞分裂遭到破坏。对大豆、甜菜、花生、油菜、蔬菜类及其他阔叶作物安全。禾本科作物玉米、高粱、谷子、麦类、水稻对烯禾啶敏感。

❖ 适用作物与防治方法

适用于大豆田、油菜田、花生田、甜菜田等。

◎大豆田一年生禾本科杂草：亩用12.5%乳油70～100毫升喷雾。

◎花生田一年生禾本科杂草：亩用20%乳油70～100毫升喷雾。

◎油菜田一年生禾本科杂草：亩用20%乳油70～120毫升喷雾。

◎春大豆田一年生禾本科杂草：亩用25%乳油35～60毫升喷雾。

> **专家提醒**
>
> 1.在油菜、大豆、甜菜、花生等作物上用药的安全间隔期分别为14天、60天和90天。
>
> 2.每季最多使用1次。

酰嘧磺隆

英文名称	amidosulfuron
其他名称	好事达
主要剂型及含量	50%水分散粒剂

❖ 作用机理与特点

酰嘧磺隆属磺酰脲类内吸传导型苗后选择性除草剂，是乙酰乳酸合酶（ALS）的抑制剂。杂草叶片吸收药剂后即停止生长、叶片褪绿，而后枯死。在土壤中易被土壤微生物分解，不易在土壤中残留积累，在推荐剂量下，对当茬麦类作物和下茬作物安全。

❖ 适用作物与防治方法

适用于小麦田等，主要防除阔叶杂草如播娘蒿、荠菜、独行菜、藜、猪殃殃、酸模叶蓼、扁蓄、田旋花、苣荬菜，对禾本科杂草无效。

◎小麦田一年生阔叶杂草：亩用50%水分散粒剂3~4克茎叶喷雾。

> **专家提醒**
>
> 1.小麦拔节（株高13厘米）后、大雨前、遭受冬季低温霜冻、涝害等不良环境条件胁迫的小麦田不宜施用，施用前后2天内不可大水漫灌麦田，以确保药效，避免药害。
>
> 2.施用后2~4周内靶标杂草枯死。干旱、低温时杂草枯死速度减慢，但不影响最终药效。
>
> 3.每季最多使用1次。

硝磺草酮

英文名称	mesotrione
其他名称	耘杰
主要剂型及含量	10%、40%悬浮剂，20%可分散油悬浮剂，82%可湿性粉剂

❖ 作用机理与特点

硝磺草酮属苯甲酰环己二酮类除草剂，是一种能够抑制羟基苯基丙酮酸酯双氧化酶（HPPD）的芽前和苗后广谱选择性除草剂，可有效防治主要的阔叶草和一些禾本科杂草。对苘麻、苋菜、藜、蓼、稗草和马唐等有较好的防治效果，而对铁苋菜、香附子及狗尾草防治效果较差。

❖ 适用作物与防治方法

适用于玉米田和水稻移栽田等。

◎玉米田：玉米3～5叶期、杂草2～4叶期，亩用10%悬浮剂100～150毫升，茎叶喷雾。

◎水稻移栽田：亩用10%悬浮剂40～50毫升，药土法处理。

> **专家提醒**
>
> 1. 干旱情况下对稗草效果差，对4叶期以上马唐、牛筋草很难起到较好的防治效果。
>
> 2. 药后3天内下雨及连续温度低于20℃将影响硝磺草酮药效的发挥，杂草易返青。

乙氧氟草醚

英文名称	oxyfluorfen
其他名称	果尔
主要剂型及含量	20%、24%、240克/升乳油，2%颗粒剂，10%水乳剂

❖ 作用机理与特点

乙氧氟草醚属二苯醚类选择性触杀型土壤处理除草剂，药剂主要通过胚芽、中胚轴进入植物体内，通过抑制杂草的光合作用而杀死杂草。具有杀草谱广、持效期长等特点。芽前和芽后早期施药效果较好，对种子萌发的杂草除草谱较广，能防除阔叶杂草、莎草及稗草，但对多年生杂草只有抑制作用。

❖ 适用作物与防治方法

适用于大蒜田、非耕地、柑橘树、花生田、姜田、夏大豆田等。

◎花生田、姜田杂草：亩用24%乳油40~60毫升兑水30~45升均匀喷雾土表。

◎大豆田杂草：播后苗前，亩用24%乳油40~60毫升兑水45升均匀喷雾土表。

◎大蒜田杂草：播后至立针期，或大蒜苗后2叶1心期以后、杂草4叶期以前，亩用24%乳油40~50毫升兑水45升均匀喷雾土表。

专家提醒

1. 水稻幼苗对该药敏感，抛秧田、小苗移栽田、秧田、直播田不可使用。

2. 该药为触杀型，因此喷药时要均匀，施药剂量要适宜。

异丙隆

英文名称	isoproturon
主要剂型及含量	25%、50%、70%、75%可湿性粉剂，35%、40%可分散油悬浮剂，50%悬浮剂

❖ 作用机理与特点

异丙隆属脲类苗前、苗后选择性除草剂，具有内吸传导性，为光合作用电子传递抑制剂。药剂主要经杂草茎和根吸收，连导管内随水分向上传导到叶，多分布于叶尖和叶缘，在绿色细胞内发挥作用，可干扰光合作用的进行，在光照下不能释放出氧和二氧化碳，有机物生成停止。症状是敏感杂草叶尖、叶缘褪绿、叶黄，最后枯死，药剂主要经杂草根和茎叶吸收。阳光充足、温度高、土壤湿度大时有利于药效发挥，干旱时药效差。耐药性作物和敏感杂草因对药剂的吸收、传导和代谢速度不同而具有选择性。

❖ 适用作物与防治方法

适用于大蒜田、水稻旱直播田、水稻田（直播）、水稻移栽田、小麦田等，主要防除小麦田中野燕麦、看麦娘、马唐、早熟禾、藜、碎米荠、荠菜、黑麦草、春蓼、母菊、牛繁缕、雀舌草、大爪草、苋属等一年生杂草。

◎冬小麦田一年生杂草：亩用50%可湿性粉剂140～160克，或70%可湿性粉剂100～114克，或35%可分散油悬浮剂180～220毫升，或40%可分散油悬浮剂150～180毫升，或50%悬浮剂100～150毫升茎叶喷雾。

> **专家提醒**
>
> 1. 施用过磷酸钙的土壤不宜使用该药。
> 2. 作物生长势弱或受冻害的、漏耕地段及沙性重或排水不良的土壤不宜使用。
> 3. 每季最多使用1次。

唑草酮

英文名称 carfentrazone-ethyl

其他名称 福农、快灭灵、三唑酮草酯、唑草酯

主要剂型及含量 5%微乳剂、10%可湿性粉剂、40%水分散粒剂

❖ 作用机理与特点

唑草酮属三唑啉酮类除草剂，有触杀型选择性。在有光的条件下，通过抑制原卟啉原氧化酶导致有毒中间物的积累，从而破坏杂草的细胞膜，使叶

片迅速干枯、死亡。对磺酰脲类除草剂产生抗性的杂草效果好。

❖ 适用作物与防治方法

适用于春小麦田、冬小麦田、水稻田（直播）、水稻移栽田、小麦田等，主要防除阔叶杂草和莎草如猪殃殃、野芝麻、婆婆纳、苘麻、扁蓄、藜、红心藜、空管牵牛、鼬瓣花、酸模叶蓼、柳叶刺蓼、卷茎蓼、反枝苋、铁苋菜、宝盖菜、苣荬菜等一年生阔叶杂草。

◎冬小麦田杂草：亩用5%微乳剂20～40毫升或亩用10%可湿性粉剂16～20克茎叶喷雾。

◎春小麦田杂草：亩用10%可湿性粉剂22～24克茎叶喷雾。

◎水稻移栽田杂草：亩用40%水分散粒剂5～6克茎叶喷雾。

专家提醒

1.喷液量不足时，小麦叶片可能出现灼伤斑点，但不影响正常生长。

2.不能与碱性农药等混用。

第四节 植物生长调节剂

1-甲基环丙烯

英文名称	1-methylcyclopropene
其他名称	1-MCP
主要剂型及含量	0.01%水剂，12%发气剂，0.014%微囊粒剂，0.03%粉剂，0.18%水分散片剂

❖ 作用机理与特点

1-甲基环丙烯（1-MCP）是一种非常有效的乙烯产生和乙烯作用的抑制剂。其可以在植物内源乙烯产生或外源乙烯作用之前抢先与乙烯受体结合，但不会引起成熟的生化反应，从而阻止乙烯与其受体的结合，很好地延长果蔬成熟衰老的过程，延长保鲜期。

❖ 适用作物与使用方法

适用于番茄、花椰菜、梨、李子、葡萄、柿子、香瓜、香甜瓜、猕猴桃等作物。

◎番茄：每立方米用0.014%微囊粒剂12～16克密闭熏蒸，用于保鲜。

◎花椰菜：每立方米用0.014%微囊粒剂62.5～92克密闭熏蒸，用于保鲜。

◎梨：每立方米用0.014%微囊粒剂30～62.5克密闭熏蒸，用于保鲜。

专家提醒

1. 甲基环丙烯用于蔬果在采收前进行喷洒处理,可有效延长果蔬采收时间,延长货架期。

2. 可用于大田作用的抗旱抗寒等,减轻环境胁迫对作物造成的不利影响。

2,4-滴

英文名称	2,4-D
其他名称	2,4-D酸、2,4-二氯苯氧基乙酸、2,4-滴酸
主要剂型及含量	2%水剂

◆ 作用机理与特点

2,4-滴是较早生产的人工植物激素类生长调节剂,在较低浓度下(0.5~1.0毫克/升)是植物组织培养的培养基成分之一;在中等浓度(1~25毫克/升)下可防止落花落果,诱导无籽果实,起到果实保鲜等作用。

◆ 适用作物与使用方法

适用于番茄等作物。

◎番茄:2%水剂1000~2000倍液,蘸花。

专家提醒

1. 使用温水溶解2,4-滴。

2. 需根据气温灵活调整使用浓度。温度高时,应降低浓度,以免产生药害。

3. 使用时可与0.3%~0.4%尿素及0.1%~0.2%磷酸二氢钾混用,以增强保果效果。

4. 使用浓度过大会造成药害,导致卷叶、僵果,甚至是落叶落果。

矮壮素

英文名称	chlormequat
其他名称	稻麦立
主要剂型及含量	50%水剂

◆ 作用机理与特点

矮壮素（CCC）属低毒植物生长调节剂，生长调节功能和赤霉素正好相反，是赤霉素的拮抗剂。其作用机理是抑制植株内赤霉素生物合成，其生理功能是控制植株营养生长，促进植株生殖生长，使植株的节间缩短、矮壮并抗倒伏，促进叶片颜色加深，光合作用加强，提高植株坐果率、抗旱性、抗寒性、抗盐碱能力和产量水平。

◆ 适用作物与使用方法

适用于番茄、花生、小麦、玉米等作物。

◎番茄：苗期，用50%水剂10000倍液进行土表喷淋，以使番茄株型紧凑并且提早开花；移栽后有徒长现象时，每株用50%水剂1000倍液浇施100～150毫升。

◎玉米：播前，用50%水剂100倍液浸种，以增加产量。

◎小麦：播前，用50%水剂10～16倍液拌种；在返青和拔节期，用50%水剂100～400倍液兑水喷雾，以防止倒伏和提高产量。

专家提醒

1.使用矮壮素时，水肥条件要好，群体有徒长趋势时，效果好。若地力条件差，长势不旺时，勿用矮壮素。

2.未经试验不得随意增减用量，以免造成药害。初次使用，要先小面积试验。

3.不能与碱性农药或碱性化肥混用。

苄氨基嘌呤

英文名称	6-benzylamino-purine
其他名称	6-BA
主要剂型及含量	20%水分散粒剂，2%、5%可溶液剂，1%可溶粉剂，5%水剂

◆ 作用机理与特点

苄氨基嘌呤是第一个人工合成活性较强也最常用的细胞分裂素。具有较高的细胞分裂素活性，主要是促进细胞分裂、增大和伸长；抑制植物叶内叶绿素、核酸、蛋白质的分解，保绿防老；将氨基酸、生长素、无机盐等向处理部位调运等多种效能。苄氨基嘌呤可抑制叶绿素降解，提高氨基酸含量，延缓叶片变黄变老；诱导组织（形成层）的分化和器官（芽和根）的分化，促进侧芽萌发，促进分枝；提高坐果率，形成无核果实；调节叶片气孔开放，延长叶片寿命，有利于保鲜等。

◆ 适用作物与使用方法

适用于白菜、大白菜、番茄、柑橘、黄瓜、辣椒、李子、葡萄、芹菜、西瓜、小麦、杨梅、樱桃、玉米、枣等作物。

◎大白菜：定苗期、团棵期和莲座期，用1%可溶粉剂250～500倍液全株均匀喷雾各1次，每次间隔10～15天，以调节生长。

◎柑橘：花后，用20%水分散粒剂2000～2500倍液喷雾，隔30天再喷1次，以提高坐果率；用20%水分散粒剂4000～6000倍液喷雾以调节生长。

专家提醒

1. 宜在上午10时前或下午4时后喷施。
2. 施药后6小时内遇雨应补施。

赤霉酸

英文名称　gibberellic acid

其他名称　九二〇

主要剂型及含量　3%、4%乳油，20%、75%可溶粒剂，20%可溶粉剂，4%可溶液剂

◆ 作用机理与特点

赤霉酸是具有赤霉烷骨架，能刺激细胞分裂和伸长的一类化合物的总称，是赤霉素的一种，属广谱性植物生长调节剂。具有促进茎的伸长生长，诱导开花，打破休眠，促进雄花分化等生理效应，还可加强IAA对养分的动员效应，促进某些植物坐果和单性结实、延缓叶片衰老等。此外，也可促进细胞的分裂和分化，但对不定根的形成却起抑制作用，这与生长素有所不同。即使浓度很高，仍可表现出最大的促进效应，这与生长素促进植物生长具有最适浓度的情况显著不同。不同植物种和品种对赤霉酸的反应有很大的差异，在蔬菜、茶等作物上使用可获得高产。对未经春化的植物施用，则不经低温过程也能诱导开花，且效果很明显。

◆ 适用作物与使用方法

适用于菠菜、茶叶、大白菜、番茄、柑橘、黄瓜、辣椒、梨、马铃薯、平菇、葡萄、芹菜、水稻、水稻制种、西兰花、小麦、杨梅、移栽水稻田、玉米、枣、枇杷、柚子、豇豆等作物。

◎黄瓜：开花期，用3%乳油300～600倍液喷花1次，以促进坐果、增产；采收前，用3%乳油600～3000倍液喷瓜，以起到保鲜作用。

◎葡萄：开花后7～10天，用3%乳油200～800倍液喷果穗1次，以促进无核果形成和增产。

◎芹菜：收获前2周，用3%乳油400～2000倍液喷叶1次，以使茎叶增大。

◎菠菜：收获前3周，用3%乳油1600～4000倍液喷叶1～3次，以使茎叶增大。

◎马铃薯：播前用3%乳油40000～80000倍液浸薯块10～30分钟，以促

进发芽。

◎柑橘：3%乳油1000～2000倍液喷花，以增大增重果实。

◎水稻：母本15%抽穗时开始，到25%抽穗结束，用3%乳油1333～2000倍液喷雾1～3次，先用低浓度，后用高浓度，提高杂交水稻制种的结实率。

专家提醒

1. 不能与碱性物质混用，可与酸性、中性化肥、农药混用，并能相互增效，与尿素混用增产效果更好。如果使用过量，会造成倒伏，生产上常使用矮壮素进行调节。

2. 喷药时间最好在上午10时以前，下午3时以后，喷药后4小时内下雨须重喷。

3. 浓度过高会出现徒长、白化，直到畸形或枯死，浓度过低作用不明显。

4. 该药剂水溶液易分解，不宜久放，宜现配现用。

5. 只有在肥水供应充分的条件下，才能发挥良好的效果，不能代替肥料。

羟烯腺嘌呤

英文名称	oxyenadenine
其他名称	玉米素、富滋、万帅
主要剂型及含量	0.0001%颗粒剂、0.0001%可湿性粉剂、0.01%水剂

❖ 作用机理与特点

羟烯腺嘌呤属细胞分裂素植物生长调节剂，可刺激植物细胞分裂，促进叶绿素形成，加速植物新陈代谢和蛋白质的合成，使植株有机体迅速增长，促进花芽分化和形成，促使作物早熟丰产，提高植株抗病抗衰抗寒能力。羟烯腺嘌呤由纯生物发酵而成，低毒。

❖ 适用作物与使用方法

适用于茶叶、大豆、番茄、甘蓝、柑橘、辣椒、葡萄、水稻、小麦、玉米等作物。

◎ 水稻、小麦：0.0001%可湿性粉剂100倍液浸种24小时。分蘖期，用0.0001%可湿性粉剂500～600倍液喷雾，每隔7天施用1次，连续施用3次。

◎ 玉米：6～8及9～10片叶展开时，亩用0.01%水剂50～75毫升兑水50升各喷雾1次，以提高光合作用。

◎ 大豆：生长期，用0.0001%可湿性粉剂500～600倍液喷雾，每隔7～10天施用1次，连续施用3次以上。

◎ 番茄：4叶期开始，用0.0001%可湿性粉剂400～500倍液喷雾，至少施用3次。

◎ 柑橘：落花、幼果期和果实膨大期，用0.0001%可湿性粉剂500～800倍液各喷雾1次。

◎ 葡萄：现蕾、谢花、幼果及果实生长后期，用0.01%水剂300～500倍液喷雾2～3次，以提高坐果率，促进着色、早熟。

专家提醒

1. 用药后24小时内下雨会降低效果，但一般经过8小时之后遇到降雨基本不用重喷。
2. 不能过量，否则会造成减产。
3. 该药剂可与杀菌剂、杀虫剂、有机肥、冲施肥、叶面肥、微生物菌剂等产品混配。

氯吡脲

英文名称	forchlorfenuron
其他名称	氯吡苯脲、调吡脲、施特优、膨果龙
主要剂型及含量	0.1%、0.5%可溶液剂

❖ 作用机理与特点

氯吡脲是一种具有细胞分裂素活性的苯脲类植物生长调节剂,其生物活性比6-苄氨基嘌呤高10～100倍。具有促进细胞分裂,促进细胞扩大伸长,促进果实肥大,防止果实和花的脱落,促进植物生长、早熟,延缓作物后期叶片的衰老,保鲜,增加产量,增加糖分等作用。浓度高时可作除草剂。

❖ 适用作物与使用方法

适用于黄瓜、葡萄、脐橙、甜瓜、西瓜、猕猴桃、枇杷等作物。

◎葡萄:始花至盛花期,用0.1%可溶液剂50～100倍液浸花,以防止落花;盛花期14～18天,用0.1%可溶液剂50～100倍液浸果穗,以促进葡萄果实肥大。

◎猕猴桃:开花后20～30天,用0.1%可溶液剂50～200倍液浸幼果,以调节生长,增产。

◎甜瓜:开花前后,用0.1%可溶液剂100～200倍液涂抹果梗,以促进坐果。

专家提醒

1. 可与赤霉酸混用。初次使用时,建议邀请植保部门作指导。

2. 严格按规定用药量和使用方法,浓度过高可引起果实空心、畸形果、顶端开裂等现象,并影响果内维生素C含量。

3. 对人眼睛及皮肤有刺激性,施用时应注意防护。

萘乙酸

英文名称	1-naphthyl acetic acid
其他名称	α-萘乙酸、NAA
主要剂型及含量	0.03%、0.1%、0.6%、5%水剂,10%泡腾片剂,40%可溶粉剂

❖ **作用机理与特点**

萘乙酸是一种广谱植物生长调节剂。可经叶片、树枝的嫩表皮、种子进入到植株内，随营养流输导到全株。具有促进细胞分裂与扩大，诱导形成不定根增加坐果，防止落果，改变雌、雄花比率等作用。可用于小麦、水稻增加有效分蘖，提高成穗率，促进籽粒饱满，增加产量，用于茄类和瓜类防止落花落果，形成无籽果实和增加植株抗旱涝、抗盐碱、抗倒伏能力。

❖ **适用作物与使用方法**

适用于大豆、大蒜、冬小麦、豆类、番茄、甘薯、谷子、果树、花生、黄瓜、姜、荔枝树、马铃薯、葡萄、蔬菜、水稻、水稻秧田、小麦、洋葱、玉米等作物。

◎ 小麦：5%水剂2500倍液浸种10～12小时，风干播种；拔节前，用5%水剂2000倍液喷雾1次，扬花后，用5%水剂1600倍液喷雾剑叶和穗部，以防倒伏，增加结实率。

◎ 水稻：插栽时，用5%水剂5000倍液浸秧6小时，以加快返青，粗壮茎秆。

◎ 甘薯：栽插时，用5%水剂5000倍液浸秧苗下部（3厘米）6小时，以提高成活率和增产。

◎ 番茄：5%水剂1600～5000倍液喷雾花，以防止落花，促进坐果。

◎ 果树：采前5～21天，用5%水剂2500～10000倍液喷雾全株，以防止落果。

> **专家提醒**
>
> 萘乙酸难溶于冷水，配制时可先用少量酒精溶解，再加水稀释或先加少量热水调成糊状再加适量水，然后加碳酸氢钠（小苏打）搅拌直至全部溶解。

三十烷醇

英文名称	triacontanol
其他名称	蜂花醇
主要剂型及含量	0.1%微乳剂，0.1%可溶液剂

❖ 作用机理与特点

三十烷醇是一种天然的长碳链植物生长调节剂，也是适用范围相当广泛的植物生长促进剂。具有增加干物质的积累、改善细胞膜的透性、增加叶绿素的含量、提高光合强度、增强淀粉酶、过氧化物酶活性等作用。能促进发芽、生根、茎叶生长及开花，使农作物早熟，提高结实率，增强抗寒、抗旱能力，增加产量，改善产品品质。

❖ 适用作物与使用方法

适用于番茄、柑橘、花生、辣椒、平菇、小麦等作物。

◎小麦：0.1%微乳剂2500～5000倍液喷雾2次，以调节生长，提高产量。

◎花生：0.1%微乳剂1000～1250倍液喷雾，以调节生长。

◎柑橘树：0.1%微乳剂1000～1250倍液喷雾，以调节生长和增加产量。

专家提醒

1. 生理活性很强，使用浓度很低，配置药液要准确。
2. 喷药后4～6小时，遇雨需补喷。
3. 有效成分含量和加工制剂的质量对药效影响极大，注意择优选购。

烯效唑

英文名称	uniconazole
其他名称	高效唑、特效唑
主要剂型及含量	5%可湿性粉剂

❖ 作用机理与特点

烯效唑属三唑类广谱、高效植物生长调节剂，是赤霉素合成抑制剂，兼有高效、广谱、内吸的杀菌和除草作用。通过植物种子、根、芽、叶吸收后在植物体内向顶传导。有稳定细胞膜结构、增加脯氨酸和糖的含量的作用，提高植物抗逆性和耐寒、抗旱能力。能控制营养生长，抑制细胞伸长、缩短节间、矮化植株，促进侧芽生长和花芽形成。其活性较多效唑高6~10倍，但其在土壤中的残留量仅为多效唑的1/10，对后茬作物影响小。可增加水稻、小麦分蘖，控制株高，提高抗倒伏能力，控制果树营养生长的树形和观赏植物株形，促进花芽分化和多开花。

❖ 适用作物与使用方法

适用于冬小麦、柑橘、花生、水稻、水稻秧田、小麦、油菜等作物。

◎水稻：早稻用5%可湿性粉剂1000倍液，单季稻或连作晚稻因品种不同用5%可湿性粉剂250~1000倍液，以1:(1.2~1.5)种药比浸种24~28小时，每隔12小时拌种1次，使种子均匀着药。然后用少量水清洗后催芽播种，以培育多蘖矮壮秧。

◎小麦：每千克种子用5%可湿性粉剂5000倍液150毫升，边喷雾边搅拌，使药液均匀附着在种子上，然后掺少量细干土拌匀播种，亦可在拌种后闷3~4小时，再掺少量细干土拌匀播种，以培育壮苗，增强抗逆性，增加年前分蘖，提高成穗率；在拔节期（宁早勿迟），亩用5%可湿性粉剂1000~1600倍液50升均匀喷施，以控制小麦节间伸长，增加抗倒伏能力。

◎花生：亩用5%可湿性粉剂40克兑水30升喷雾。

专家提醒

1. 严格控制使用量和使用时期。作种子处理时，要平整好土地，浅播浅覆土，墒情好。
2. 对鱼和蜜蜂中等毒性。

吲哚乙酸

英文名称	indol-3-ylacetic acid
其他名称	苗长素、生长素、异生长素
主要剂型及含量	0.11%水剂

❖ 作用机理与特点

吲哚乙酸是植物体内普遍存在的天然生长素。其对植物抽枝或芽、苗等的顶部芽端形成有促进作用。吲哚乙酸低浓度时可以促进生长，高浓度时则会抑制生长，甚至使植物死亡。可造成顶端优势；延缓叶片衰老；施于叶片抑制脱落，而施于离层近轴端则促进脱落；促进开花，诱导单性果实的发育，延迟果实成熟。

❖ 适用作物与使用方法

适用于茶叶、番茄、花生、黄瓜、葡萄、水稻、小麦、玉米等作物。

◎番茄、黄瓜：播前，每千克种子用0.11%水剂0.75～1毫升兑水浸种；苗期和花期，亩用0.11%水剂0.4～0.8毫升兑水喷雾。

◎水稻、玉米：播前，每100千克种子用0.11%水剂1～1.5毫升拌种；苗期和花期，亩用0.11%水剂0.67～1毫升兑水喷雾。

◎小麦：每100千克种子用0.11%水剂1～1.5毫升拌种；拔节期，亩用0.11%水剂0.67～1毫升兑水喷雾。

专家提醒

1. 该药剂浸泡番茄花，可形成无籽番茄果，提高坐果率，浸泡茶树、等作物插枝的基部，可促进不定根的形成，加快营养繁殖速度。

2. 以1～10毫克/千克该药液和10毫克/千克噁霉灵混用，促进水稻秧苗生根。

吲哚丁酸

英文名称　　4-indol-3-ylbutyric acid
其他名称　　氮茚基丁酸
主要剂型及含量　1.2%水剂

❖ 作用机理与特点

吲哚丁酸属内源生长素，能促进细胞分裂与细胞生长，诱导形成不定根，增加坐果，防止落果，改变雌、雄花比率等。其是植物主根生长促进剂，常用于木本和草本植物的浸根移栽，硬枝扦插，能加速根的生长，提高植物生根的百分率，也可用于植物种子的浸种和拌种，可提高发芽率和成活率。其经由叶片、嫩表皮、种子进入到植物体内，随营养流输导到起作用部位。对酸稳定，土中迅速降解，在碱金属的氢氧化物和碳酸化合物的溶液中则成盐。

❖ 适用作物与使用方法

适用于大豆、柑橘、花生、黄瓜、辣椒、马铃薯、葡萄、水稻、水稻秧田、小麦、玉米等。

◎辣椒、黄瓜：1.2%水剂50倍液浸或喷花、果，以促进坐果或单性结实。

◎葡萄：插条基部浸入1.2%水剂80倍液中14小时，或用1.2%水剂240～600倍液浸泡枝24小时；然后扦插。

◎水稻：1.2%水剂250～1200倍液淋洒土壤，以促使移栽后早生根、根系发达。

专家提醒

1. 处理插条时，勿沾染叶片和心叶。
2. 吲哚丁酸见光易分解，需用黑色包装物，且不宜久放。
3. 对蜜蜂无毒。

乙烯利

英文名称	ethephon
其他名称	乙烯磷、2-氯乙基膦酸
主要剂型及含量	40%水剂

❖ 作用机理与特点

乙烯利通过分解释放出的乙烯，对植物的生长、发育、代谢产生调节作用。具有促进果实成熟、调节性别分化、减少顶端优势、增加有效分蘖、使植株矮壮、防止倒伏、促进球茎和鳞茎发芽、打破种子休眠等作用。该药为强酸性水剂，在常温、pH3以下比较稳定，几乎不放出乙烯，但随溶液温度升高和pH的增加，乙烯释放的速度加快。

❖ 适用作物与使用方法

适用于番茄、黄冠梨、姜、柿子、水稻、玉米等作物。

◎水稻：秧苗5～6叶期，亩用40%水剂400倍液45升喷雾，以促进分蘖、培育壮苗。

◎玉米：亩用40%水剂500倍液30～50升喷雾，以促进矮化、壮苗，防倒伏。

◎番茄：40%水剂400～800倍液蘸果，以促进发白番茄着色、成熟。

专家提醒

1. 在番茄、柿树、水稻作物上的安全间隔期为20天，每季最多使用1次。
2. 不能与碱性农药混放及混用，以免分解失效。
3. 有腐蚀性，使用时戴防护手套、口罩，穿防护服。
4. 该药属低毒性植物生长调节剂，对人、畜低毒，但对眼睛和皮肤有刺激作用，对鱼类、蜜蜂低毒。

芸苔素内酯

英文名称	brassinolide
其他名称	益丰素、天丰素、油菜素内酯、农梨利、硕丰481
主要剂型及含量	0.01%乳油，0.0075%可溶液剂，0.004%、0.016%水剂，0.01%可溶性粉剂

❖ 作用机理与特点

目前，芸苔素内酯系列主要包括24-表芸苔素内酯；28-表高芸苔素内酯；14-羟基芸苔素甾醇；丙酰芸苔素内酯。

芸苔素内酯是甾体化合物中生物活性较高的一种，它们广泛存在于植物体内。在植物生长发育各阶段中，既可促进营养生长，又能利于受精作用。人工合成的芸苔素内酯活性较高，可经由植物的叶、茎、根吸收，然后传导到起作用的部位，有的认为可增加RNA聚合酶的活性，增加RNA、DNA含量，有的认为可增加细胞膜的电势差、ATP酶的活性，也有的认为能强化生长素的作用，作用机理目前尚无统一的看法。它起作用的浓度极微量，是高效植物生长调节剂，在很低浓度下，即能显著地增加植物的营养体生长和促进受精作用。它的一些生理作用表现出生长素、赤霉素和细胞分裂素的某些特点：

促进细胞分裂，促进果实膨大。对细胞的分裂有明显的促进作用，对器官的横向生长和纵向生长都有促进作用，从而起到膨大果实的作用。

延缓叶片衰老，保绿时间长。加强叶绿素合成，提高光合作用，促使叶色加深变绿。

打破顶端优势，促进侧芽萌发。能够诱导芽的分化，促进侧枝生成，增加枝数，增多花数，提高花粉受孕性，从而增加果实数量，提高产量。

改善作物品质，提高商品性。诱导单性结实，刺激子房膨大，防止落花、落果，促进蛋白质合成，提高含糖量等。

❖ 适用作物与使用方法

适用于白菜、菜心、茶叶、大豆、冬小麦、番茄、柑橘、花生、黄瓜、辣椒、荔枝树、葡萄、水稻、西瓜、小白菜、小麦、玉米、枣、芝麻等作物。

◎小麦：用0.004%水剂1000～2000倍液浸种24小时，以促进根系生长和植株长高；分蘖期，用0.004%水剂1000～2000倍液茎叶喷雾，以增加分蘖数；孕期，用0.004%水剂1000～2000倍液茎叶喷雾，以增加产量。

◎玉米：用0.004%水剂1000～4000倍液浸种；苗期，用0.004%水剂1000～4000倍液浸种茎叶喷雾；吐丝后，用0.004%水剂1000～4000倍液茎叶喷雾，以增加千粒重。

专家提醒

1. 下雨时不能喷药，药后6小时内下雨须重喷。
2. 喷药时间最好在上午10时以前，下午3时以后。
3. 用于水果花期、幼果期，蔬菜苗期和快速生长期，豆类花期、幼荚期等，增产效果都很好。

第三章
绿色食品科学用药方案

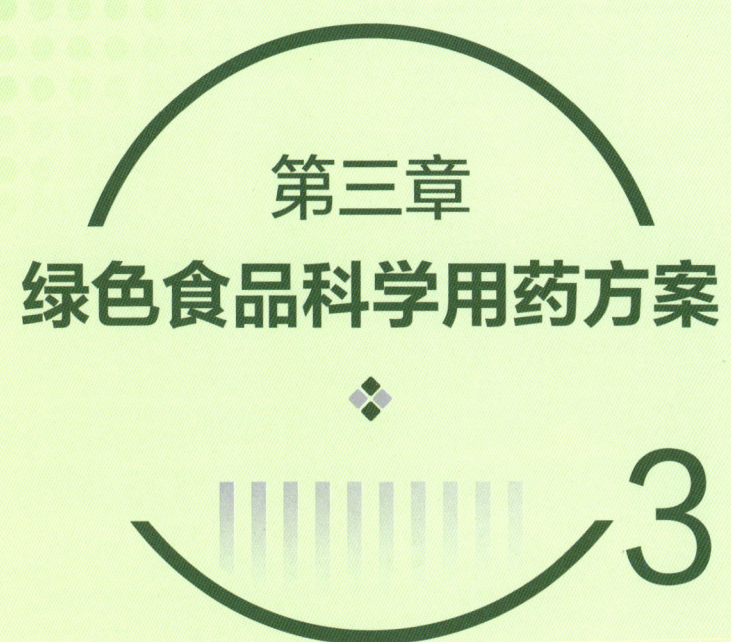

《食品安全国家标准 食品中农药最大残留限量》(GB 2763—2021)与绿色食品产品类标准是绿色食品产品安全评判的依据。绿色食品允许使用的141种化学农药,其残留限量须符合《食品安全国家标准 食品中农药最大残留限量》(GB 2763—2021)的要求,但如绿色食品产品标准要求高于国标时,则按绿色食品产品标准执行。绿色食品禁用农药残留限量不得超过0.01毫克/千克。

第一节 绿色食品 桃

一、允许使用农药品种

根据《绿色食品 农药使用准则》(NY/T 393—2020)以及作物登记原则,允许使用的农药清单见表3-1。

表3-1 允许使用的农药清单

序号	农药种类	农药通用名
1	杀虫杀螨剂	吡虫啉
2	杀虫杀螨剂	吡蚜酮
3	杀虫杀螨剂	氟啶虫胺腈
4	杀虫杀螨剂	氟啶虫酰胺
5	杀虫杀螨剂	高效氯氰菊酯
6	杀虫杀螨剂	螺虫乙酯
7	杀虫杀螨剂	灭幼脲
8	杀虫杀螨剂	噻虫嗪
9	杀菌剂	苯醚甲环唑
10	杀菌剂	啶酰菌胺
11	杀菌剂	腈苯唑
12	杀菌剂	喹啉铜
13	杀菌剂	嘧菌酯
14	杀菌剂	噻唑锌

续表

序号	农药种类	农药通用名
15	杀菌剂	戊唑醇
16	杀菌剂	吡唑醚菌酯
17	杀菌剂	代森联
18	除草剂	草铵膦
19	微生物源农药	苏云金杆菌
20	植物源农药	苦参碱

二、农药最大残留限量

《绿色食品　温带水果》（NY/T 844—2017）与《食品安全国家标准　食品中农药最大残留限量》（GB 2763—2021）均规定了桃上农药的最大残留限量标准。由于《绿色食品　温带水果》（NY/T 844—2017）对多菌灵、苯醚甲环唑的限量要求高于《食品安全国家标准　食品中农药最大残留限量》（GB 2763—2021），因此绿色食品桃对多菌灵、苯醚甲环唑的最大残留限量按照《绿色食品　温带水果》（NY/T 844—2017）标准执行。

农药最大残留限量见表3-2。

表3-2　农药最大残留限量表

序号	农药名称	最大残留限量/(毫克/千克)
1	苯丁锡	7
2	苯醚甲环唑	0.01
3	吡虫啉	0.5
4	吡蚜酮	0.5
5	吡唑醚菌酯	1
6	丙环唑	5
7	除虫脲	0.5
8	春雷霉素	1

续表

序号	农药名称	最大残留限量/(毫克/千克)
9	代森联	5
10	多菌灵	2
11	粉唑醇	0.6
12	氟吡菌酰胺	1
13	氟啶虫胺腈	0.4
14	氟啶虫酰胺	0.7
15	氟硅唑	0.2
16	甲氨基阿维菌素苯甲酸盐	0.03
17	腈苯唑	0.5
18	腈菌唑	3
19	抗蚜威	0.5
20	螺虫乙酯	2
21	螺螨酯	2
22	氯虫苯甲酰胺	2
23	高效氯氰菊酯	1
24	嘧菌酯	2
25	嘧霉胺	4
26	灭幼脲	2
27	噻嗪酮	9
28	噻唑锌	1
29	戊唑醇	2
30	溴氰虫酰胺	1.5
31	乙基多杀菌素	0.3
32	异菌脲	10

续表

序号	农药名称	最大残留限量/(毫克/千克)
33	草铵膦	0.15
34	噻螨酮	0.3
35	四螨嗪	0.5
36	甲氰菊酯	5
37	2,4-滴	0.05
38	精吡氟禾草灵	0.01
39	丙炔氟草胺	0.02
40	啶虫脒	2
41	啶酰菌胺	3
42	多杀霉素	0.2
43	咯菌腈	5
44	甲氧虫酰肼	2
45	联苯肼酯	2
46	噻虫啉	0.5
47	噻虫嗪	1
48	肟菌酯	3
49	茚虫威	1

三、科学用药方案

根据桃病虫种类及其发生规律，结合绿色食品相关要求，制订科学用药方案（表3-3）。

表3-3 科学用药方案

主要病虫害	推荐农药	使用方法
褐腐病	啶酰菌胺、苯醚甲环唑、嘧菌酯	4月上旬至6月下旬,用50%啶酰菌胺水分散粒剂1500倍液,或10%苯醚甲环唑水分散粒剂2000倍液,或250克/升嘧菌酯悬浮剂1250倍液喷施
细菌性穿孔病	噻唑锌、喹啉铜	4月上旬至6月下旬及9月上旬至10月上旬,用20%噻唑锌悬浮剂500～800倍液,或亩用33.5%喹啉铜悬浮剂80～100毫升兑水45～75升,或50%喹啉铜可湿性粉剂60～80克兑水45～75升喷施
炭疽病	苯醚甲环唑	4月上旬至6月下旬,用10%苯醚甲环唑水分散粒剂2000倍液喷施,隔10天左右喷1次,连续喷2～3次
疮痂病	戊唑醇、吡唑醚菌酯	4月下旬至5月上旬坐果后,亩用430克/升戊唑醇悬浮剂19～23毫升兑水30～45升,或25%吡唑醚菌酯悬浮剂1500倍液喷施
蚜虫	吡虫啉、吡蚜酮、噻虫嗪、螺虫乙酯、氟啶虫胺腈、氟啶虫酰胺	4月上旬至6月上旬和10月上旬至10月下旬,用10%吡虫啉可湿性粉剂2000～3000倍液,或50%吡蚜酮水分散粒剂1500～2000倍液,或70%噻虫嗪水分散粒剂8000～10000倍液,或240克/升螺虫乙酯悬浮剂3000～4000倍液,或22%氟啶虫胺腈悬浮剂5000～10000倍液,或10%氟啶虫酰胺水分散粒剂1000～1500倍液喷施
梨小食心虫	高效氯氰菊酯	4月下旬至7月上旬成虫出现时,用4.5%高效氯氰菊酯乳油1500倍液喷施
桃蛀螟	灭幼脲、高效氯氰菊酯	5月中旬至10月中旬,用25%灭幼脲悬浮剂2000～3000倍液,或4.5%高效氯氰菊酯乳油1500倍液喷施
吸果夜蛾	高效氯氰菊酯	6月下旬至7月初,用4.5%高效氯氰菊酯乳油1500倍液喷施
金龟子	高效氯氰菊酯	6月上旬至7月中旬,用4.5%高效氯氰菊酯乳油1500倍液喷施
天牛	高效氯氰菊酯、吡虫啉	6月上旬至8月上旬,用4.5%高效氯氰菊酯乳油1000倍液注入虫孔,或用10%吡虫啉可湿性粉剂2000倍液喷施果树,每隔7～10天喷1次,连续喷2～3次

第二节 绿色食品 梨

一、允许使用农药品种

根据《绿色食品 农药使用准则》（NY/T 393—2020）以及作物登记原则，允许使用的农药清单见表3-4。

表3-4 允许使用的农药清单

序号	农药种类	农药通用名
1	杀虫杀螨剂	吡虫啉
2	杀虫杀螨剂	虫螨腈
3	杀虫杀螨剂	高效氯氰菊酯
4	杀虫杀螨剂	螺虫乙酯
5	杀虫杀螨剂	噻虫啉
6	杀虫杀螨剂	四螨嗪
7	杀菌剂	氟硅唑
8	杀菌剂	嘧菌酯
9	杀菌剂	苯醚甲环唑
10	杀菌剂	吡唑醚菌酯
11	杀菌剂	代森联
12	杀菌剂	代森锰锌
13	杀菌剂	代森锌
14	杀菌剂	多菌灵

续表

序号	农药种类	农药通用名
15	杀菌剂	氟吡菌酰胺
16	杀菌剂	氟菌唑
17	杀菌剂	甲基硫菌灵
18	杀菌剂	腈菌唑
19	杀菌剂	克菌丹
20	杀菌剂	喹啉铜
21	杀菌剂	醚菌酯
22	杀菌剂	三乙膦酸铝
23	杀菌剂	三唑酮
24	杀菌剂	戊唑醇
25	除草剂	草铵膦
26	植物生长调节剂	1-甲基环丙烯
27	植物源农药	苦参碱
28	微生物源农药	苏云金杆菌
29	微生物源农药	多抗霉素
30	生物化学产物	氨基寡糖素
31	矿物来源	石硫合剂
32	矿物来源	矿物油

二、农药最大残留限量

《绿色食品　温带水果》(NY/T 844—2017)与《食品安全国家标准　食品中农药最大残留限量》(GB 2763—2021)均规定了梨上农药的最大残留限量标准。由于《绿色食品　温带水果》(NY/T 844—2017)对多菌灵、苯醚甲环唑的限量要求严于《食品安全国家标准　食品中农药最大残留限量》(GB 2763—2021)，因此对多菌灵、苯醚甲环唑的最大残留限量按照《绿色食

品　温带水果》(NY/T 844—2017)标准执行。

农药最大残留限量见表3-5。

表3-5 农药最大残留限量表

序号	农药名称	最大残留限量/(毫克/千克)
1	苯丁锡	5
2	苯醚甲环唑	0.01
3	吡虫啉	0.5
4	吡唑醚菌酯	0.5
5	虫螨腈	1
6	除虫脲	1
7	代森联	5
8	代森锰锌	5
9	多菌灵	2
10	多抗霉素	0.1
11	氟硅唑	0.2
12	氟菌唑	0.5
13	甲氨基阿维菌素苯甲酸盐	0.02
14	甲基硫菌灵	3
15	甲氰菊酯	5
16	腈菌唑	0.5
17	克菌丹	15
18	苦参碱	5
19	喹啉铜	5

续表

序号	农药名称	最大残留限量/(毫克/千克)
20	高效氯氰菊酯	0.5
21	醚菌酯	0.2
22	嘧菌酯	1
23	嘧霉胺	1
24	噻虫嗪	0.3
25	噻螨酮	0.5
26	噻嗪酮	6
27	三唑酮	0.5
28	四螨嗪	0.5
29	肟菌酯	0.7
30	戊唑醇	0.5
31	辛硫磷	0.05
32	异菌脲	5
33	抑霉唑	5
34	茚虫威	0.2
35	溴氰虫酰胺	0.8
36	乙基多杀菌素	0.05

三、科学用药方案

根据梨病虫种类及其发生规律，结合绿色食品相关要求，制订科学用药方案（见表3-6）。

表3-6 科学用药方案

主要病虫害	推荐农药	使用方法
黑星病	甲基硫菌灵、氟菌唑、苯醚甲环唑、腈菌唑、氟硅唑、代森锰锌、乙铝·锰锌、苯甲·嘧菌酯	萌芽期,用70%甲基硫菌灵1500~2000倍液喷雾; 开花前到落花20天后,发病初期,用30%氟菌唑可湿性粉剂3000~4000倍液喷雾; 落花后,发病初期,用61%乙铝·锰锌可湿性粉剂300~500倍液喷雾; 发病前,用10%苯醚甲环唑水分散粒剂6000~7000倍液喷雾; 发病初期,用40%腈菌唑可湿性粉剂8000~10000倍液,或25%氟硅唑水乳剂4000~6000倍液,或80%代森锰锌可湿性粉剂500~1000倍液,或325克/升苯甲·嘧菌酯悬浮剂1500~2000倍液喷雾
轮纹病	乙铝·锰锌	落花后,发病初期,用61%乙铝·锰锌可湿性粉剂400~600倍液喷雾
锈病	代森锌	萌芽至展叶后25天内,用80%代森锰锌可湿性粉剂500~700倍液喷雾,每隔10天喷1次,连喷3次
梨木虱	吡虫啉、高效氯氰菊酯	第1代若虫期(终花期),用10%吡虫啉可湿性粉剂2000~2500倍液喷雾; 卵孵化盛期,用2.5%高效氯氰菊酯乳油800~1200倍液喷雾
尺蠖	苏云金杆菌	卵孵化初盛期、低龄幼虫期或发生高峰期,用浓度为8000IU/微升苏云金杆菌悬浮剂200倍液喷雾
梨小食心虫	苏云金杆菌	卵孵化初盛期、低龄幼虫期或发生高峰期,用浓度为8000IU/微升苏云金杆菌悬浮剂200倍液喷雾

第三节 绿色食品 柑橘

一、允许使用农药品种

根据《绿色食品 农药使用准则》(NY/T 393—2020)以及作物登记原则,允许使用农药清单见表3-7。

表3-7 允许使用农药清单

序号	农药种类	农药通用名
1	杀虫杀螨剂	苯丁锡
2	杀虫杀螨剂	吡丙醚
3	杀虫杀螨剂	吡虫啉
4	杀虫杀螨剂	虫螨腈
5	杀虫杀螨剂	除虫脲
6	杀虫杀螨剂	啶虫脒
7	杀虫杀螨剂	氟虫脲
8	杀虫杀螨剂	氟啶虫胺腈
9	杀虫杀螨剂	高效氯氰菊酯
10	杀虫杀螨剂	甲氨基阿维菌素苯甲酸盐
11	杀虫杀螨剂	甲氰菊酯
12	杀虫杀螨剂	联苯肼酯
13	杀虫杀螨剂	螺虫乙酯
14	杀虫杀螨剂	螺螨酯
15	杀虫杀螨剂	噻虫啉

续表

序号	农药种类	农药通用名
16	杀虫杀螨剂	噻虫嗪
17	杀虫杀螨剂	噻螨酮
18	杀虫杀螨剂	噻嗪酮
19	杀虫杀螨剂	杀铃脲
20	杀虫杀螨剂	虱螨脲
21	杀虫杀螨剂	四螨嗪
22	杀虫杀螨剂	辛硫磷
23	杀虫杀螨剂	乙螨唑
24	杀虫杀螨剂	唑螨酯
25	杀菌剂	苯醚甲环唑
26	杀菌剂	吡唑醚菌酯
27	杀菌剂	代森联
28	杀菌剂	代森锰锌
29	杀菌剂	代森锌
30	杀菌剂	多菌灵
31	杀菌剂	噁唑菌酮
32	杀菌剂	氟吡菌酰胺
33	杀螨剂	氟啶胺
34	杀菌剂	氟环唑
35	杀菌剂	氟硅唑
36	杀菌剂	甲基硫菌灵
37	杀菌剂	腈菌唑
38	杀菌剂	克菌丹
39	杀菌剂	喹啉铜
40	杀菌剂	嘧菌酯

续表

序号	农药种类	农药通用名
41	杀菌剂	噻菌灵
42	杀菌剂	噻唑锌
43	杀菌剂	肟菌酯
44	杀菌剂	戊唑醇
45	杀菌剂	抑霉唑
46	除草剂	2甲4氯
47	除草剂	苄嘧磺隆
48	除草剂	丙炔氟草胺
49	除草剂	草铵膦
50	除草剂	乙氧氟草醚
51	植物生长调节剂	2,4-滴
52	植物生长调节剂	烯效唑
53	植物源农药	苦参碱
54	矿物源农药	石硫合剂
55	矿物源农药	矿物油
56	微生物源农药	春雷霉素

二、农药最大残留限量

《绿色食品 柑橘类水果》（NY/T 426—2021）与《食品安全国家标准 食品中农药最大残留限量》（GB 2763—2021）均规定了柑橘上农药的最大残留限量标准。由于《绿色食品 柑橘类水果》（NY/T 426—2021）对甲氰菊酯、螺螨酯、吡虫啉、多菌灵、乙螨唑等农药的限量要求高于《食品安全国家标准 食品中农药最大残留限量》（GB 2763—2021），因此应对以上农药的最大残留限量按照《绿色食品 柑橘类水果》（NY/T 426—2021）标准执行。

农药最大残留限量见表3-8。

表3-8 农药最大残留限量表

序号	农药名称	最大残留限量/(毫克/千克)
1	2,4-滴	0.1
2	2甲4氯	0.1
3	苯丁锡	1
4	苯醚甲环唑	0.2
5	吡虫啉	0.7
6	吡唑醚菌酯	2
7	苄嘧磺隆	0.02
8	丙炔氟草胺	0.05
9	草铵膦	0.5
10	虫螨腈	1
11	春雷霉素	0.1
12	代森联	5
13	代森锰锌	5
14	代森锌	5
15	啶虫脒	0.5
16	多菌灵	0.5
17	噁唑菌酮	1
18	氟吡菌酰胺	1
19	氟啶虫胺腈	2
20	氟硅唑	2
21	氟环唑	1
22	甲氨基阿维菌素苯甲酸盐	0.01
23	甲基硫菌灵	5

续表

序号	农药名称	最大残留限量/(毫克/千克)
24	甲氰菊酯	2
25	腈菌唑	5
26	克菌丹	5
27	苦参碱	1
28	喹啉铜	5
29	联苯肼酯	0.7
30	螺虫乙酯	1
31	螺螨酯	0.4
32	高效氯氰菊酯	1
33	嘧菌酯	1
34	噻虫啉	0.5
35	噻螨酮	0.5
36	噻嗪酮	0.5
37	噻唑锌	0.5
38	三唑酮	1
39	四螨嗪	0.5
40	肟菌酯	0.5
41	戊唑醇	2
42	烯效唑	0.3
43	乙螨唑	0.1
44	乙氧氟草醚	0.05
45	抑霉唑	5
46	乙基多杀菌素	0.05
47	唑螨酯	0.2

续表

序号	农药名称	最大残留限量/(毫克/千克)
48	精吡氟禾草灵	0.1
49	除虫菊素	0.05
50	啶酰菌胺	2
51	多杀霉素	0.3
52	咯菌腈	10
53	精甲霜灵	5
54	甲氧虫酰肼	2
55	抗蚜威	3
56	嘧霉胺	7
57	辛硫磷	0.05
58	溴氰虫酰胺	0.7
59	苯醚甲环唑	0.2

三、科学用药方案

根据柑橘病虫种类及其发生规律，结合绿色食品相关要求，制订科学用药方案（见表3-9）。

表3-9　科学用药方案

主要病虫害	推荐农药	使用方法
疮痂病	苯醚甲环唑、嘧菌酯、戊唑醇、代森锰锌	春梢芽2毫米左右、花谢2/3及幼果期，用10%苯醚甲环唑水分散粒剂2000倍液，或250克/升嘧菌酯悬浮剂1000倍液，或43%戊唑醇悬浮剂3000倍液，或80%代森锰锌可湿性粉剂600倍液喷施
树脂病（黑点病）	代森锰锌	春梢萌发期，用80%代森锰锌可湿性粉剂600倍液喷施；花谢2/3至果实膨大期，用80%代森锰锌可湿性粉剂600倍液喷施，隔14~20天喷1次

续表

主要病虫害	推荐农药	使用方法
炭疽病	代森锰锌、苯醚甲环唑、嘧菌酯、戊唑醇	春梢期至幼果期，用80%代森锰锌可湿性粉剂600倍液，或10%苯醚甲环唑水分散粒剂2000倍液，或250克/升嘧菌酯悬浮剂1000倍液，或43%戊唑醇悬浮剂3000倍液喷施
黄龙病	吡虫啉、啶虫脒	新梢抽发期，用20%吡虫啉可湿性粉剂3000倍液，或3%啶虫脒可湿性粉剂2000倍液喷施
红蜘蛛	螺螨酯、乙螨唑、矿物油	春季，用240克/升螺螨酯悬浮剂4000～5000倍液，或110克/升乙螨唑悬浮剂4000～5000倍液喷施；夏秋季，用240克/升螺螨酯悬浮剂4000～5000倍液，或99%矿物油乳油200～300倍液喷施
锈壁虱	螺螨酯、矿物油	春梢期、7—10月，用240克/升螺螨酯悬浮剂4000～5000倍液，或99%矿物油乳油200～300倍液喷施
介壳虫	矿物油、螺虫乙酯、氟啶虫胺腈	6月上中旬，用95%矿物油乳油250倍液，或240克/升螺虫乙酯悬浮剂4000倍液，或50%氟啶虫胺腈水分散粒剂3000倍液喷施
粉虱	吡虫啉、啶虫脒、噻嗪酮	发生初期，用10%吡虫啉可湿性粉剂2000倍液，或3%啶虫脒可湿性粉剂1000倍液，或25%噻嗪酮可湿性粉剂1000倍液喷施
蚜虫	吡虫啉、啶虫脒	新梢有蚜率达到25%时，用10%吡虫啉可湿性粉剂2000倍液，或3%啶虫脒可湿性粉剂1000倍液喷施
潜叶蛾	啶虫脒、除虫脲、氟啶虫胺腈	新梢大量抽发期，用3%啶虫脒可湿性粉剂1000倍液，20%除虫脲悬浮剂2000倍液，或50%氟啶虫胺腈水分散粒剂4000～5000倍液喷施

第四节 绿色食品 杨梅

一、允许使用农药品种

根据《绿色食品 农药使用准则》(NY/T 393—2020),以及作物登记原则,允许使用农药清单见表3-10。

表3-10 允许使用农药清单

序号	农药种类	农药通用名
1	杀虫杀螨剂	噻嗪酮
2	杀虫杀螨剂	甲氨基阿维菌素苯甲酸盐
3	杀菌剂	吡唑醚菌酯
4	杀菌剂	代森锰锌
5	杀菌剂	啶酰菌胺
6	杀菌剂	氟吡菌酰胺
7	杀菌剂	精甲霜灵
8	杀菌剂	喹啉铜
9	杀菌剂	嘧菌酯
10	杀菌剂	肟菌酯
11	杀菌剂	戊唑醇
12	杀菌剂	抑霉唑
13	除草剂	草铵膦
14	矿物源农药	矿物油

续表

序号	农药种类	农药通用名
15	微生物源农药	乙基多杀菌素
16	微生物源农药	苏云金杆菌
17	微生物源农药	井冈霉素
18	微生物源农药	嘧啶核苷类抗菌素
19	其他	松脂酸钠

二、农药最大残留限量

《绿色食品 热带、亚热带水果》(NY/T 750—2020)与《食品安全国家标准 食品中农药最大残留限量》(GB 2763—2021)均规定了杨梅上农药的最大残留限量标准。由于《绿色食品 热带、亚热带水果》(NY/T 750—2020)对甲氰菊酯的限量要求严于《食品安全国家标准 食品中农药最大残留限量》(GB 2763—2021),因此应对甲氰菊酯的最大残留限量按照《绿色食品 热带、亚热带水果》(NY/T 750—2020)标准执行。

农药最大残留限量见表3-11。

表3-11 农药最大残留限量表

序号	农药名称	最大残留限量/(毫克/千克)
1	苯醚甲环唑	5
2	吡唑醚菌酯	10
3	代森锰锌	7
4	啶虫脒	0.2
5	精甲霜灵	0.5
6	喹啉铜	5
7	螺虫乙酯	2
8	氯虫苯甲酰胺	3

续表

序号	农药名称	最大残留限量/(毫克/千克)
9	噻嗪酮	5
10	乙基多杀菌素	1
11	甲氰菊酯	2
12	辛硫磷	0.05

三、科学用药方案

根据杨梅病虫种类及其发生规律，结合绿色食品相关要求，制订科学用药方案（见表3-12）。

表3-12 科学用药方案

主要病虫害	推荐农药	使用方法
褐斑病	嘧菌酯、喹啉铜、抑霉唑、精甲霜·锰锌、井冈·嘧苷素	冬季清园，用250克/升嘧菌酯悬浮剂800~1600倍液喷施； 春梢嫩期，用33.5%喹啉铜悬浮剂喷施； 发病初期，用20%抑霉唑水乳剂600~800倍液，或68%精甲霜·锰锌水分散粒剂600~800倍液，或6%井冈·嘧苷素水剂200~400倍液喷施； 采果后，用33.5%喹啉铜悬浮剂1000~2000倍液，或250克/升嘧菌酯悬浮剂800~1600倍液喷施
白腐病	喹啉·戊唑醇	果实硬核着色期进入成熟期，用36%喹啉·戊唑醇悬浮剂800~1200倍液喷施
果蝇	乙基多杀菌素	果实硬核着色期进入成熟期，用60克/升乙基多杀菌素悬浮剂1500~2500倍液喷施
介壳虫	松脂酸钠、噻嗪酮、矿物油	发生初期，用30%松脂酸钠水乳剂300倍液，或65%噻嗪酮可湿性粉剂2500~3000倍液，或95%矿物油乳油50~60倍液喷施
尺蠖	甲氨基阿维菌素苯甲酸盐、苏云金杆菌	卵孵化盛期至低龄幼虫期，用5%甲氨基阿维菌素苯甲酸盐乳油4000~6000倍液喷施； 4—5月幼虫发生初期，用浓度为16000 IU/毫克苏云金杆菌可湿性粉剂1000~1500倍液喷施

第五节 绿色食品 猕猴桃

一、允许使用农药品种

根据《绿色食品 农药使用准则》(NY/T 393—2020)，以及作物登记原则，允许使用的农药清单见表3-13。

表3-13 允许使用农药的清单

序号	农药种类	农药通用名
1	杀菌剂	噻唑锌
2	杀菌剂	喹啉铜
3	杀菌剂	肟菌酯
4	杀菌剂	氟吡菌酰胺
5	杀菌剂	吡唑醚菌酯
6	植物生长调节剂	1-甲基环丙烯
7	植物生长调节剂	氯吡脲
8	微生物源农药	春雷霉素
9	矿物源农药	王铜
10	植物源农药	小檗碱
11	植物源农药	除虫菊素
12	植物源农药	苦皮藤素
13	植物源农药	苦参碱
14	生物化学产物	氨基寡糖素

二、农药最大残留限量

《绿色食品 温带水果》(NY/T 844—2017)与《食品安全国家标准 食品中农药最大残留限量》(GB 2763—2021)均规定了猕猴桃上农药的最大残留限量标准。由于《绿色食品 温带水果》(NY/T 844—2017)对多菌灵、苯醚甲环唑的限量要求严于《食品安全国家标准 食品中农药最大残留限量》(GB 2763—2021),因此多菌灵、苯醚甲环唑最大残留限量应按照《绿色食品 温带水果》(NY/T 844—2017)标准执行。

农药最大残留限量见表3-14。

表3-14 农药最大残留限量表

序号	农药名称	最大残留限量/(毫克/千克)
1	苯醚甲环唑	0.01
2	吡唑醚菌酯	5
3	草铵膦	0.6
4	虫螨腈	7
5	春雷霉素	2
6	代森锰锌	2
7	啶酰菌胺	5
8	多菌灵	2
9	多抗霉素	0.1
10	多杀霉素	0.05
11	咯菌腈	15
12	甲氨基阿维菌素苯甲酸盐	0.02
13	甲基硫菌灵	5
14	甲氰菊酯	5
15	喹啉铜	0.5
16	螺虫乙酯	0.02

续表

序号	农药名称	最大残留限量/(毫克/千克)
17	螺螨酯	2
18	氯吡脲	0.05
19	氯虫苯甲酰胺	5
20	醚菌酯	5
21	嘧霉胺	10
22	噻虫啉	0.2
23	噻虫嗪	2
24	噻嗪酮	10
25	四聚乙醛	0.1
26	戊唑醇	5
27	异菌脲	5
28	茚虫威	5
29	吡虫啉	5
30	嘧菌酯	5
31	啶虫脒	2
32	嘧菌环胺	10
33	甲氰菊酯	5
34	2,4-滴	0.1
35	硝磺草酮	0.01
36	辛硫磷	0.05
37	溴氰虫酰胺	4

三、科学用药方案

根据猕猴桃病虫种类及其发生规律，结合绿色食品相关要求，制订科学用药方案（见表3-15）。

表 3-15 科学用药方案

主要病虫害	推荐农药	使用方法
溃疡病	王铜	发病前或初期，用35%王铜悬浮剂700～900倍液喷施
花腐病	春雷·噻唑锌	萌芽期和花蕾期，用40%春雷·噻唑锌800～1200倍液喷施
褐斑病	小檗碱、氟菌·肟菌酯、唑醚·喹啉铜	发病前或初期，用0.5%小檗碱水剂400～500倍液，或43%氟菌·肟菌酯悬浮剂1500～2000倍液，或50%唑醚·喹啉铜水分散粒剂1500～2000倍液喷施
根结线虫病	氨基寡糖素	发病前或发病初期，亩用0.5%氨基寡糖素水剂600～800毫升兑水30～45升灌根
叶蝉	除虫菊素	低龄若虫盛发期，用1.5%除虫菊素水乳剂600～1000倍液喷施
小卷叶蛾	苦皮藤素	低龄若虫发生期，用1%苦皮藤素水乳剂4000～5000倍液喷施
蚜虫	苦参碱	发生初期，用1.5%苦参碱可溶液剂3000～4000倍液喷施

第六节 绿色食品 葡萄

一、允许使用农药品种

根据《绿色食品 农药使用准则》(NY/T 393—2020),以及作物登记原则,允许使用的农药清单见表3-16。

表3-16 允许使用的农药清单

序号	农药种类	农药通用名
1	杀虫杀螨剂	氟啶虫胺腈
2	杀虫杀螨剂	噻虫嗪
3	杀菌剂	苯醚甲环唑
4	杀菌剂	吡唑醚菌酯
5	杀菌剂	代森联
6	杀菌剂	代森锰锌
7	杀菌剂	啶酰菌胺
8	杀菌剂	啶氧菌酯
9	杀菌剂	多菌灵
10	杀菌剂	噁唑菌酮
11	杀菌剂	氟吡菌胺
12	杀菌剂	氟吡菌酰胺
13	杀菌剂	氟环唑
14	杀菌剂	氟菌唑

续表

序号	农药种类	农药通用名
15	杀菌剂	氟硅唑
16	杀菌剂	氟吗啉
17	杀菌剂	腐霉利
18	杀菌剂	咯菌腈
19	杀菌剂	甲基硫菌灵
20	杀菌剂	腈菌唑
21	杀菌剂	精甲霜灵
22	杀菌剂	克菌丹
23	杀菌剂	喹啉铜
24	杀菌剂	醚菌酯
25	杀菌剂	嘧菌环胺
26	杀菌剂	嘧菌酯
27	杀菌剂	嘧霉胺
28	杀菌剂	氰霜唑
29	杀菌剂	噻菌灵
30	杀菌剂	三乙膦酸铝
31	杀菌剂	双炔酰菌胺
32	杀菌剂	霜脲氰
33	杀菌剂	肟菌酯
34	杀菌剂	戊唑醇
35	杀菌剂	烯酰吗啉
36	杀菌剂	异菌脲
37	杀菌剂	抑霉唑
38	除草剂	草铵膦

续表

序号	农药种类	农药通用名
39	植调剂	1-甲基环丙烯
40	植调剂	氯吡脲
41	植调剂	萘乙酸
42	微生物源农药	多抗霉素
43	微生物源农药	嘧啶核苷类抗菌素
44	微生物源农药	木霉菌
45	生物化学产物	赤霉酸
46	植物源农药	苦参碱
47	植物源农药	苦皮藤素
48	矿物源农药	波尔多液
49	矿物源农药	石硫合剂

二、农药最大残留限量

《绿色食品 温带水果》(NY/T 844—2017)与《食品安全国家标准 食品中农药最大残留限量》(GB 2763—2021)均规定了葡萄上农药的最大残留限量标准。由于《绿色食品 温带水果》(NY/T 844—2017)对多菌灵、苯醚甲环唑的限量要求严于《食品安全国家标准 食品中农药最大残留限量》(GB 2763—2021),因此应对多菌灵、苯醚甲环唑的最大残留限量按照《绿色食品 温带水果》(NY/T 844—2017)标准执行。

农药最大残留限量见表3-17。

表3-17 农药最大残留限量表

序号	农药名称	最大残留限量/(毫克/千克)
1	苯丁锡	5
2	苯醚甲环唑	0.01

续表

序号	农药名称	最大残留限量/(毫克/千克)
3	吡虫啉	1
4	精吡氟禾草灵	0.01
5	吡唑醚菌酯	2
6	丙炔氟草胺	0.02
7	草铵膦	0.1
8	代森联	5
9	代森锰锌	5
10	啶酰菌胺	5
11	啶氧菌酯	1
12	多菌灵	2
13	多抗霉素	10
14	多杀霉素	0.5
15	噁唑菌酮	5
16	氟吡菌胺	2
17	氟吡菌酰胺	2
18	氟啶虫胺腈	2
19	氟硅唑	0.5
20	氟环唑	0.5
21	氟菌唑	1
22	腐霉利	5
23	咯菌腈	2
24	甲氨基阿维菌素苯甲酸盐	0.03
25	甲基硫菌灵	3
26	精甲霜灵	1

续表

序号	农药名称	最大残留限量/(毫克/千克)
27	甲氧虫酰肼	1
28	腈苯唑	1
29	腈菌唑	1
30	克菌丹	5
31	喹啉铜	3
32	联苯肼酯	0.7
33	螺虫乙酯	2
34	螺螨酯	0.2
35	氯吡脲	0.05
36	高效氯氰菊酯	0.2
37	醚菌酯	1
38	嘧菌环胺	20
39	嘧霉胺	4
40	萘乙酸	0.1
41	噻菌灵	5
42	噻螨酮	1
43	噻嗪酮	1
44	三乙膦酸铝	10
45	三唑醇	0.3
46	三唑酮	0.3
47	双炔酰菌胺	2
48	霜霉威	2
49	霜脲氰	0.5
50	肟菌酯	3

续表

序号	农药名称	最大残留限量/(毫克/千克)
51	戊唑醇	2
52	烯酰吗啉	2
53	乙基多杀菌素	0.3
54	乙螨唑	0.5
55	异菌脲	10
56	抑霉唑	5
57	茚虫威	2
58	唑螨酯	0.1
59	氯虫苯甲酰胺	1
60	噻虫啉	1
61	嘧菌酯	5
62	噻虫嗪	0.5
63	甲氰菊酯	5
64	2,4-滴	0.1

三、科学用药方案

根据葡萄病虫种类及其发生规律，结合绿色食品相关要求，制订科学用药方案（见表3-18）。

表3-18 科学用药方案

主要病虫害	推荐农药	使用方法
霜霉病	波尔多液、烯酰吗啉、哈茨木霉菌、代森锰锌	谢花20天，用80%波尔多液可湿性粉剂300～400倍液喷雾； 病害发生初期，用40%烯酰吗啉悬浮剂1500～2000倍液，或3亿CFU/克哈茨木霉菌可湿性粉剂200～250倍液，或80%代森锰锌可湿性粉剂500～800倍液喷雾

续表

主要病虫害	推荐农药	使用方法
白粉病	石硫合剂、氟菌唑、嘧啶核苷类抗菌素	萌芽期，用29%石硫合剂水剂6～9倍液喷雾； 病害发生初期，亩用30%氟菌唑可湿性粉剂15～18克兑水喷雾； 开花前至幼果期，用4%嘧啶核苷类抗菌素水剂400倍液喷雾
灰霉病	嘧霉胺、腐霉利、咯菌腈、异菌脲	花前、花后，用400克/升嘧霉胺悬浮剂1000～1500倍液，或500克/升异菌脲悬浮剂750～1000倍液喷雾； 发病初期，用20%腐霉利悬浮剂400～500倍液喷雾； 花后、发病初期，用20%咯菌腈悬浮剂1500～2500倍液喷雾； 幼果期，用500克/升异菌脲悬浮剂750～1000倍液喷雾
炭疽病	抑霉唑、多抗霉素	花后、套袋前，用20%抑霉唑水乳剂800～1200倍液喷雾； 病害发生前或发生初期，用16%多抗霉素可溶粒剂2500～3000倍液喷雾
白腐病	代森锰锌、嘧菌酯、戊唑醇	病害发生前，用250克/升嘧菌酯悬浮剂800～1250倍液喷雾； 病害发生初期，用70%代森锰锌可湿性粉剂400～700倍液，或250克/升戊唑醇水乳剂2000～3300倍液，或250克/升嘧菌酯悬浮剂800～1250倍液喷雾
介壳虫	噻虫嗪	5月，虫害发生初期，用25%噻虫嗪水分散粒剂4000～5000倍液喷雾
蚜虫	苦参碱	发生初期，用1.5%苦参碱可溶液剂3000～4000倍液喷雾
绿盲蝽	苦皮藤素	虫害发生初期，亩用1%苦皮藤素水乳剂30～40毫升兑水喷雾

第七节 绿色食品 茶叶

一、允许使用农药品种

根据《绿色食品 农药使用准则》(NY/T 393—2020),以及作物登记原则,允许使用的农药清单见表3-19。

表3-19 允许使用的农药清单

序号	农药种类	农药通用名
1	杀虫杀螨剂	吡虫啉
2	杀虫杀螨剂	吡蚜酮
3	杀虫杀螨剂	虫螨腈
4	杀虫杀螨剂	除虫脲
5	杀虫杀螨剂	啶虫脒
6	杀虫杀螨剂	氟啶虫酰胺
7	杀虫杀螨剂	高效氯氰菊酯
8	杀虫杀螨剂	甲氨基阿维菌素苯甲酸盐
9	杀虫杀螨剂	甲氰菊酯
10	杀虫杀螨剂	噻虫啉
11	杀虫杀螨剂	噻虫嗪
12	杀虫杀螨剂	噻嗪酮
13	杀虫杀螨剂	辛硫磷
14	杀虫杀螨剂	茚虫威

续表

序号	农药种类	农药通用名
15	杀虫杀螨剂	喹螨醚
16	杀菌剂	苯醚甲环唑
17	杀菌剂	吡唑醚菌酯
18	杀菌剂	代森锌
19	杀菌剂	啶氧菌酯
20	除草剂	草铵膦
21	除草剂	灭草松
22	矿物源农药	矿物油
23	矿物源农药	石硫合剂
24	植物源农药	印楝素
25	植物源农药	苦参碱

二、农药最大残留限量

《绿色食品 茶叶》(NY/T 288—2018)与《食品安全国家标准 食品中农药最大残留限量》(GB 2763—2021)均规定了茶叶上农药的最大残留限量标准。由于《绿色食品 茶叶》(NY/T 288—2018)对啶虫脒、高效氯氰菊酯上的限量要求严于《食品安全国家标准 食品中农药最大残留限量》(GB 2763—2021),因此应对以上农药的最大残留限量按照《绿色食品 茶叶》(NY/T 288—2018)标准执行。

农药最大残留限量见表3-20。

表3-20 农药最大残留限量表

序号	农药名称	最大残留限量/(毫克/千克)
1	草铵膦	0.5
2	吡虫啉	0.5

续表

序号	农药名称	最大残留限量/(毫克/千克)
3	吡蚜酮	2
4	虫螨腈	20
5	除虫脲	20
6	啶虫脒	0.1
7	氟虫脲	20
8	甲氨基阿维菌素苯甲酸盐	0.5
9	甲氰菊酯	5
10	高效氯氰菊酯	0.5
11	噻虫啉	10
12	噻虫嗪	10
13	噻嗪酮	10
14	辛硫磷	0.2
15	印楝素	1
16	茚虫威	5
17	苯醚甲环唑	10
18	吡唑醚菌酯	10
19	啶氧菌酯	20
20	多菌灵	5
21	喹螨醚	15
22	噻螨酮	15
23	乙螨唑	15

三、科学用药方案

根据茶叶病虫种类及其发生规律，结合绿色食品相关要求，制订科学用药方案（见表3-21）。

表3-21 科学用药方案

主要病虫害	推荐农药	使用方法
茶炭疽病	苯醚甲环唑、吡唑醚菌酯、代森锌	5月下旬至6月上旬及8月下旬至9月上旬秋雨开始前，用10%苯醚甲环唑水分散粒剂1000倍液，或250克/升吡唑醚菌酯乳油1000~2000倍液，或80%代森锌可湿性粉剂500~700倍液喷施
茶尺蠖	高效氯氰菊酯、苦参碱、茚虫威	2~3龄幼虫期，用4.5%高效氯氰菊酯乳油1500~2000倍液，或亩用0.6%苦参碱水剂75~100毫升，或150克/升茚虫威乳油12~18毫升，以低容量蓬面喷射挑治茶尺蠖发生中心
小绿叶蝉	苦参碱、噻虫嗪	入峰后（高峰期前），且若虫占总虫量80%以上时，亩用0.6%苦参碱水剂50~75克，或70%噻虫嗪水分散粒剂2克，低容量蓬面扫喷
黑刺粉虱	茚虫威、吡虫啉	卵孵化盛末期，亩用150克/升茚虫威乳油12~18毫升，或10%吡虫啉可湿性粉剂20~30克，低容量侧位喷施；虫口密度过大时，成虫盛期作为辅助施药，可用上述药剂以低容量蓬面扫喷成虫
茶蚜	氟啶虫酰胺、噻虫嗪、吡虫啉	有蚜梢率达10%以上或有蚜叶平均虫口达30头时，用10%氟啶虫酰胺水分散粒剂2500~5000倍液，或亩用10%吡虫啉可湿性粉剂10~15克，或70%噻虫嗪水分散粒剂2克兑水喷施

第八节 绿色食品 小白菜

一、允许使用农药品种

根据《绿色食品 农药使用准则》(NY/T 393—2020)，以及作物登记原则，允许使用的农药清单见表3-22。

表3-22 允许使用的农药清单

序号	农药种类	农药通用名
1	杀虫杀螨剂	吡虫啉
2	杀虫杀螨剂	虫螨腈
3	杀虫杀螨剂	啶虫脒
4	杀虫杀螨剂	高效氯氰菊酯
5	杀虫杀螨剂	甲氨基阿维菌素苯甲酸盐
6	杀虫杀螨剂	氯虫苯甲酰胺
7	杀虫杀螨剂	噻虫嗪
8	杀虫杀螨剂	四聚乙醛
9	杀虫杀螨剂	溴氰虫酰胺
10	杀虫杀螨剂	茚虫威
11	杀菌剂	三乙膦酸铝
12	植物源农药	苦参碱
13	微生物源农药	苏云金杆菌
14	微生物源农药	枯草芽孢杆菌

续表

序号	农药种类	农药通用名
15	微生物源农药	球孢白僵菌
16	生物化学产物	氨基寡糖素
17	生物化学产物	芸苔素内酯

二、农药最大残留限量

《绿色食品 白菜类蔬菜》（NY/T 654—2020）与《食品安全国家标准 食品中农药最大残留限量》（GB 2763—2021）均规定了普通白菜上绿色食品可使用农药的最大残留限量标准。由于《绿色食品 白菜类蔬菜》（NY/T 654—2020）对多菌灵、三唑酮、腐霉利、虫螨腈、烯酰吗啉、吡虫啉、啶虫脒上的限量要求高于《食品安全国家标准 食品中农药最大残留限量》（GB 2763—2021），因此应对以上农药的最大残留限量按照《绿色食品 白菜类蔬菜》（NY/T 654—2020）标准执行。

农药最大残留限量见表3-23。

表3-23 农药最大残留限量表

序号	农药通用名	最大残留限量/（毫克/千克）
1	多菌灵	0.1
2	三唑酮	0.01
3	腐霉利	0.2
4	虫螨腈	2
5	烯酰吗啉	0.01
6	吡虫啉	0.2
7	除虫菊素	5
8	除虫脲	1
9	啶虫脒	0.1

续表

序号	农药通用名	最大残留限量/(毫克/千克)
10	氯虫苯甲酰胺	0.5
11	甲氨基阿维菌素苯甲酸盐	0.1
12	甲氰菊酯	1
13	抗蚜威	5
14	高效氯氰菊酯	2
15	灭幼脲	30
16	氰霜唑	15
17	四聚乙醛	3
18	辛硫磷	0.1
19	茚虫威	2

三、科学用药方案

根据小白菜病虫种类及其发生规律，结合绿色食品相关要求，制订科学用药方案（见表3-24）。

表3-24 科学用药方案

主要病虫害	推荐农药	使用方法
霜霉病	三乙膦酸铝	发现中心病株后，亩用40%三乙膦酸铝可湿性粉剂235～470克兑水喷雾
软腐病	枯草芽孢杆菌、氨基寡糖素水剂	发生前或发生初期，亩用100亿芽孢/克枯草芽孢杆菌60～70g，或2%氨基寡糖素水剂180～200毫升兑水喷雾
病毒病	3%氨基寡糖素水剂	发生前或发生初期，亩用3%氨基寡糖素水剂125～150毫升兑水喷雾
蚜虫	吡虫啉、啶虫脒、苦参碱	发生初期，亩用2%苦参碱水剂30～40毫升兑水喷雾； 发生期，亩用10%吡虫啉可湿性粉剂15～20克，或3%啶虫脒乳油50～60毫升兑水喷雾

续表

主要病虫害	推荐农药	使用方法
菜青虫	苏云金杆菌	发生初期，亩用100亿芽孢/克苏云金杆菌可湿性粉剂75～100克兑水喷雾
甜菜夜蛾、斜纹夜蛾	虫螨腈	发生期，亩用10%虫螨腈悬浮剂50～70毫升兑水喷雾
小菜蛾	苏云金杆菌、球孢白僵菌、茚虫威、甲氨基阿维菌素苯甲酸盐	发生初期，亩用100亿芽孢/克苏云金杆菌可湿性粉剂150～200克，或400亿个孢子/克球孢白僵菌水分散粒剂25～36兑水喷雾；发生期，亩用30%茚虫威水分散粒剂5～9克，或1%甲氨基阿维菌素苯甲酸盐泡腾片剂13～18克兑水喷雾

第九节 绿色食品 芦笋

一、允许使用农药品种

根据《绿色食品 农药使用准则》(NY/T 393—2020),以及作物登记原则,允许使用的农药清单见表3-25。

表3-25 允许使用的农药清单

序号	农药种类	农药通用名
1	杀虫杀螨剂	噻虫嗪
2	杀虫杀螨剂	甲氨基阿维菌素苯甲酸盐
3	杀虫杀螨剂	虫螨腈
4	杀虫杀螨剂	茚虫威
5	杀虫杀螨剂	氯虫苯甲酰胺
6	杀虫杀螨剂	吡虫啉
7	杀菌剂	苯醚甲环唑
8	杀菌剂	吡唑醚菌酯
9	杀菌剂	代森锰锌
10	杀菌剂	代森锌
11	杀菌剂	甲基硫菌灵
12	微生物源农药	苏云金杆菌
13	生物化学产物	氨基寡糖素

二、农药最大残留限量

《绿色食品 多年生蔬菜》(NY/T 1326—2015)与《食品安全国家标准 食品中农药最大残留限量》(GB 2763—2021)均规定了芦笋上绿色食品可使用农药的最大残留限量标准。由于《绿色食品 多年生蔬菜》(NY/T 1326—2015)对吡虫啉、啶虫脒、多菌灵、三唑酮、苯醚甲环唑上的限量要求严于《食品安全国家标准 食品中农药最大残留限量》(GB 2763—2021),因此对以上农药的最大残留限量应按照《绿色食品 多年生蔬菜》(NY/T 1326—2015)标准执行。

农药最大残留限量见表3-26。

表3-26 农药最大残留限量表

序号	农药通用名	最大残留限量/(毫克/千克)
1	苯醚甲环唑	0.01
2	吡虫啉	0.01
3	吡唑醚菌酯	0.2
4	丙炔氟草胺	0.02
5	草铵膦	0.1
6	代森锰锌	2
7	代森锌	2
8	啶虫脒	0.01
9	啶酰菌胺	5
10	多菌灵	0.01
11	二甲戊灵	0.1
12	氟吡菌酰胺	0.01
13	甲基硫菌灵	0.5
14	精甲霜灵	0.05
15	抗蚜威	0.01

续表

序号	农药通用名	最大残留限量/(毫克/千克)
16	高效氯氰菊酯	0.4
17	嘧菌酯	0.01
18	噻虫嗪	0.05
19	肟菌酯	0.05
20	戊唑醇	0.02
21	硝磺草酮	0.01
22	三唑酮	0.01

三、科学用药方案

根据芦笋病虫种类及其发生规律，结合绿色食品相关要求，制订科学用药方案（见表3-27）。

表3-27 科学用药方案

主要病虫害	推荐农药	使用方法
茎枯病	氨基寡糖素、苯醚甲环唑、代森锰锌、甲基硫菌灵	清园时、发病初期，亩用5%氨基寡糖素水剂30～40毫升，或80%代森锰锌可湿性粉剂85～100克，或70%甲基硫菌灵可湿性粉剂60～75克兑水喷雾，或用10%苯醚甲环唑水分散粒剂1000～1500倍液喷雾
褐斑病	吡唑醚菌酯、代森锰锌	发病初期，亩用30%吡唑醚菌酯悬浮剂25～41.7毫升，或80%代森锰锌可湿性粉剂85～100克兑水喷雾
甜菜夜蛾、斜纹夜蛾	氯虫苯甲酰胺、茚虫威、甲氨基阿维菌素苯甲酸盐	卵孵化至低龄幼虫高峰期，出土嫩笋为害率达3%～5%时，用5%氯虫苯甲酰胺1000倍液，或用15%茚虫威悬浮剂4000倍液，或1%甲氨基阿维菌素苯甲酸盐乳油2000倍液喷雾
蚜虫、蓟马	噻虫嗪、吡虫啉	发生初期，当嫩笋有虫株率达5%时，用25%噻虫嗪水分散粒剂4000倍液，或10%吡虫啉可湿性粉剂2000倍液喷雾

第十节 绿色食品 茭白

一、允许使用农药品种

根据《绿色食品 农药使用准则》(NY/T 393—2020),以及作物登记原则,允许使用的农药清单见表3-28。

表3-28 允许使用的农药清单

序号	农药种类	农药通用名
1	杀虫杀螨剂	吡蚜酮
2	杀虫杀螨剂	氯虫苯甲酰胺
3	杀虫杀螨剂	噻虫嗪
4	杀虫杀螨剂	噻嗪酮
5	杀虫杀螨剂	甲氨基阿维菌素苯甲酸盐
6	杀虫杀螨剂	吡虫啉
7	杀菌剂	丙环唑
8	杀菌剂	噻呋酰胺
9	除草剂	丙草胺
10	微生物源农药	井冈霉素
11	微生物源农药	苏云金杆菌

二、农药最大残留限量

《绿色食品 水生蔬菜》(NY/T 1405—2015)与《食品安全国家标准 食品中农药最大残留限量》(GB 2763—2021)均规定了茭白上绿色食品可使用

农药的最大残留限量标准。由于《绿色食品　水生蔬菜》(NY/T 1405—2015) 对辛硫磷、三唑酮等农药上的限量要求严于《食品安全国家标准　食品中农药最大残留限量》(GB 2763—2021)，因此对以上农药的最大残留限量应按照《绿色食品　水生蔬菜》(NY/T 1405—2015)标准执行。

农药最大残留限量见表3-29。

表3-29　农药最大残留限量表

序号	农药通用名	最大残留限量/(毫克/千克)
1	苯醚甲环唑	0.03
2	吡虫啉	0.5
3	丙草胺	0.01
4	丙环唑	0.1
5	甲氨基阿维菌素苯甲酸盐	0.1
6	噻嗪酮	0.05
7	三唑酮	0.01
8	多菌灵	0.01
9	辛硫磷	0.01

三、科学用药方案

根据茭白病虫种类及其发生规律，结合绿色食品相关要求，制订科学用药方案(见表3-30)。

表3-30　科学用药方案

主要病虫害	推荐农药	使用方法
锈病	丙环唑	发病初期，亩用250克/升丙环唑乳油33～37毫升兑水喷雾
胡麻斑病	丙环唑	发病初期，亩用250克/升丙环唑乳油15～20毫升兑水喷雾
纹枯病	井冈霉素、噻呋酰胺	发病初期，用5%可湿性粉剂井冈霉素500～800倍液，或30%噻呋酰胺悬浮剂2000～2500倍液喷施，10～15天后再喷1次

续表

主要病虫害	推荐农药	使用方法
白背飞虱	吡蚜酮	2～3龄若虫盛发期，用25%吡蚜酮悬浮剂2000倍液喷雾
长绿飞虱	噻嗪酮、吡虫啉	2～3龄若虫盛发期，亩用65%噻嗪酮可湿性粉剂15～20克，或10%吡虫啉可湿性粉剂2000～3000倍液喷施
螟虫	氯虫·噻虫嗪	第1代幼虫孵化时，用40%氯虫·噻虫嗪水分散粒剂3333～5000倍液喷施

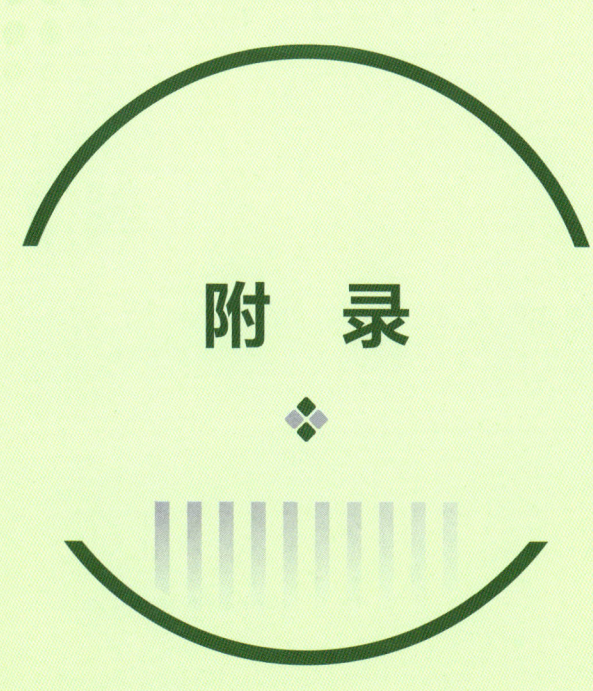

附 录

附录一

《绿色食品　农药使用准则》（NY/Y393—2020）

ICS 65.100.01
B 17

NY

中华人民共和国农业行业标准

NY/T 393—2020
代替 NY/T 393—2013

绿色食品　农药使用准则

Green food—Guideline for application of pesticide

2020-07-27 发布　　　　　　　　　　　2020-11-01 实施

 中华人民共和国农业农村部 发布

附　录

NY/T 393—2020

前　言

本标准按照 GB/T 1.1—2009 给出的规则起草。

本标准代替 NY/T 393—2013《绿色食品　农药使用准则》。与 NY/T 393—2013 相比，除编辑性修改外主要技术变化如下：

——增加了农药的定义（见3.3）
——修改了有害生物防治原则（见第4章）。
——修改了农药选用的法规要求（见5.1）。
——修改了绿色食品农药残留要求（见第7章）。
——在 AA 级和 A 级绿色食品生产均允许使用的农药清单中，删除了（硫酸）链霉素，增加了具有诱杀作用的植物（如香根草等）、烯腺嘌呤和松脂酸钠；删除了2个表注，增加了1个表的脚注（见表 A.1）。
——在 A 级绿色食品生产允许使用的其他农药清单中，删除了7种杀虫杀螨剂（S-氰戊菊酯、丙溴磷、毒死蜱、联苯菊酯、氯氟氰菊酯、氯菊酯和氯氰菊酯），1种杀菌剂（甲霜灵），12种除草剂（草甘膦、敌草隆、噁草酮、二氯喹啉酸、禾草丹、禾草敌、西玛津、野麦畏、乙草胺、异丙甲草胺、莠灭净和仲丁灵）及2种植物生长调节剂（多效唑和噻苯隆）；增加了9种杀虫杀螨剂（虫螨腈、氟啶虫胺腈、甲氧虫酰肼、硫酰氟、氰氟虫腙、杀虫双、杀铃脲、虱螨脲和溴氰虫酰胺），16种杀菌剂（苯醚甲环唑、稻瘟灵、噁唑菌酮、氟吡菌酰胺、氟硅唑、氟吗啉、氟酰胺、氟唑环菌胺、喹啉铜、嘧菌环胺、氰氨化钙、噻呋酰胺、噻唑锌、三环唑、肟菌酯和烯肟菌胺）、7种除草剂（苄嘧磺隆、丙草胺、丙炔噁草酮、精异丙甲草胺、双草醚、五氟磺草胺、酰嘧磺隆）及1种植物生长调节剂（1-甲基环丙烯）；删除了2个条文的注，在条文中增加了关于根据国家新的禁限用规定自动调整允许使用清单的规定（见A.2）。

本标准由农业农村部农产品质量安全监管司提出。

本标准由中国绿色食品发展中心归口。

本标准起草单位：浙江省农业科学院农产品质量标准研究所、中国绿色食品发展中心、中国农业大学理学院、农业农村部农产品及加工品质量安全监督检验测试中心（杭州）、浙江省农产品质量安全中心。

本标准主要起草人：张志恒、王强、张志华、张宪、潘灿平、郑永利、于国光、李艳杰、李政、戴芬、郑蔚然、徐明飞、胡秀卿。

本标准历次版本发布情况为：

——NY/T 393—2000；——NY/T 393—2013。

NY/T 393—2020

引　言

绿色食品是在优良生态环境中按照绿色食品标准生产，实行全程质量控制并获得绿色食品标志使用权的安全、优质食用农产品及相关产品。规范绿色食品生产中的农药使用行为，是保证绿色食品符合性的一个重要方面。

本标准用于规范绿色食品生产中的农药使用行为。2013年版标准在前版标准的基础上，已经建立起了比较完整有效的标准框架，包括规定有害生物防治原则，要求农药的使用是最后的必要选择；规定允许使用的农药清单，确保所用农药是经过系统评估和充分验证的低风险品种；规范农药使用过程，进一步减缓农药使用的健康和环境影响；规定了与农药使用要求协调的残留要求，在确保绿色食品更高安全要求的同时，也作为追溯生产过程是否存在农药违规使用的验证措施。

本次修订延续上一版的标准框架，主要根据近年国内外在农药开发、风险评估、标准法规、使用登记和生产实践等方面取得的新进展、新数据和新经验，更多地从农药对健康和环境影响的综合风险控制出发，适当兼顾绿色食品生产对农药品种的实际需求，对标准做局部修改。

NY/T 393—2020

绿色食品　农药使用准则

1　范围

本标准规定了绿色食品生产和储运中的有害生物防治原则、农药选用、农药使用规范和绿色食品农药残留要求。

本标准适用于绿色食品的生产和储运。

2　规范性引用文件

下列文件对于本文件的应用是必不可少的。凡是注日期的引用文件，仅注日期的版本适用于本文件。凡是不注日期的引用文件，其最新版本（包括所有的修改单）适用于本文件。

GB 2763　食品安全国家标准　食品中农药最大残留限量

GB/T 8321（所有部分）　农药合理使用准则

GB 12475　农药贮运、销售和使用的防毒规程

NY/T 391　绿色食品　产地环境质量

NY/T 1667（所有部分）　农药登记管理术语

3　术语和定义

NY/T 1667界定的及下列术语和定义适用于本文件。

3.1

AA级绿色食品　AA grade green food

产地环境质量符合NY/T 391的要求，遵照绿色食品生产标准生产，生产过程中遵循自然规律和生态学原理，协调种植业和养殖业的平衡，不使用化学合成的肥料、农药、兽药、渔药、添加剂等物质，产品质量符合绿色食品产品标准，经专门机构许可使用绿色食品标志的产品。

3.2

A级绿色食品　A grade green food

产地环境质量符合NY/T 391的要求，遵照绿色食品生产标准生产，生产过程中遵循自然规律和生态学原理，协调种植业和养殖业的平衡，限量使用限定的化学合成生产资料，产品质量符合绿色食品产品标准，经专门机构许可使用绿色食品标志的产品。

3.3

农药　pesticide

用于预防、控制危害农业、林业的病、虫、草、鼠和其他有害生物以及有目的地调节植物、昆虫生长的化学合成或者来源于生物、其他天然物质的一种物质或者几种物质的混合物及其制剂。

注：既包括属于国家农药使用登记管理范围的物质，也包括不属于登记管理范围的物质。

4　有害生物防治原则

绿色食品生产中有害生物的防治可遵循以下原则：

——以保持和优化农业生态系统为基础：建立有利于各类天敌繁衍和不利于病虫草害滋生的环境条件，提高生物多样性，维持农业生态系统的平衡；

——优先采用农业措施：如选用抗病虫品种、实施种子种苗检疫、培育壮苗、加强栽培管理、中耕除草、耕翻晒垡、清洁田园、轮作倒茬、间作套种等；

——尽量利用物理和生物措施：如温汤浸种控制种传病虫害，机械捕捉害虫，机械或人工除草，用灯光、色板、性诱剂和食物诱杀害虫，释放害虫天敌和稻田养鸭控制害虫等；

NY/T 393—2020

——必要时合理使用低风险农药:如没有足够有效的农业、物理和生物措施,在确保人员、产品和环境安全的前提下,按照第5、6章的规定配合使用农药。

5 农药选用

5.1 所选用的农药应符合相关的法律法规,并获得国家在相应作物上的使用登记或省级农业主管部门的临时用药措施,但不属于农药使用登记范围的产品(如薄荷油、食醋、蜂蜡、香根草、乙醇、海盐等)除外。

5.2 AA级绿色食品生产应按照A.1的规定选用农药,A级绿色食品生产应按照附录A的规定选用农药,提倡兼治和不同作用机理农药交替使用。

5.3 农药剂型宜选用悬浮剂、微囊悬浮剂、水剂、水乳剂、颗粒剂、水分散粒剂和可溶性粒剂等环境友好型剂型。

6 农药使用规范

6.1 应根据有害生物的发生特点、危害程度和农药特性,在主要防治对象的防治适期,选择适当的施药方式。

6.2 应按照农药产品标签或GB/T 8321和GB 12475的规定使用农药,控制施药剂量(或浓度)、施药次数和安全间隔期。

7 绿色食品农药残留要求

7.1 按照第5章规定允许使用的农药,其残留量应符合GB 2763的要求。

7.2 其他农药的残留量不得超过0.01 mg/kg,并应符合GB 2763的要求。

附 录 A
（规范性附录）
绿色食品生产允许使用的农药清单

A.1 AA级和A级绿色食品生产均允许使用的农药清单

AA级和A级绿色食品生产可按照农药产品标签或GB/T 8321的规定（不属于农药使用登记范围的产品除外）使用表A.1中的农药。

表A.1 AA级和A级绿色食品生产均允许使用的农药清单[a]

类别	物质名称	备注
Ⅰ.植物和动物来源	楝素（苦楝、印楝等提取物，如印楝素等）	
	天然除虫菊素（除虫菊科植物提取液）	杀虫
	苦参碱及氧化苦参碱（苦参等提取物）	杀虫
	蛇床子素（蛇床子提取物）	杀虫、杀菌
	小檗碱（黄连、黄柏等提取物）	杀菌
	大黄素甲醚（大黄、虎杖等提取物）	杀菌
	乙蒜素（大蒜提取物）	杀菌
	苦皮藤素（苦皮藤提取物）	杀虫
	藜芦碱（百合科藜芦属和喷嚏草属植物提取物）	杀虫
	桉油精（桉树叶提取物）	杀虫
	植物油（如薄荷油、松树油、香菜油、八角茴香油等）	杀虫、杀螨、杀真菌、抑制发芽
	寡聚糖（甲壳素）	杀菌、植物生长调节
	天然诱集和杀线虫剂（如万寿菊、孔雀草、芥子油等）	杀线虫
	具有诱杀作用的植物（如香根草等）	杀虫
	植物醋（如食醋、木醋、竹醋等）	杀菌
	菇类蛋白多糖（菇类提取物）	杀菌
	水解蛋白质	引诱
	蜂蜡	保护嫁接和修剪伤口
	明胶	杀虫
	具有驱避作用的植物提取物（大蒜、薄荷、辣椒、花椒、薰衣草、柴胡、艾草、辣根等的提取物）	驱避
	害虫天敌（如寄生蜂、瓢虫、草蛉、捕食螨等）	控制虫害
Ⅱ.微生物来源	真菌及真菌提取物（白僵菌、轮枝菌、木霉菌、耳霉菌、淡紫拟青霉、金龟子绿僵菌、寡雄腐霉菌等）	杀虫、杀菌、杀线虫
	细菌及细菌提取物（芽孢杆菌类、荧光假单胞杆菌、短稳杆菌等）	杀虫、杀菌
	病毒及病毒提取物（核型多角体病毒、质型多角体病毒、颗粒体病毒等）	杀虫
	多杀霉素、乙基多杀菌素	杀虫
	春雷霉素、多抗霉素、井冈霉素、嘧啶核苷类抗菌素、宁南霉素、申嗪霉素、中生菌素	杀菌
	S-诱抗素	植物生长调节
Ⅲ.生物化学产物	氨基寡糖素、低聚糖素、香菇多糖	杀菌、植物诱抗
	几丁聚糖	杀菌、植物诱抗、植物生长调节
	苄氨基嘌呤、超敏蛋白、赤霉酸、烯腺嘌呤、羟烯腺嘌呤、三十烷醇、乙烯利、吲哚丁酸、吲哚乙酸、芸苔素内酯	植物生长调节

表 A.1（续）

类别	物质名称	备注
Ⅳ.矿物来源	石硫合剂	杀菌、杀虫、杀螨
	铜盐（如波尔多液、氢氧化铜等）	杀菌，每年铜使用量不能超过 6kg/hm²
	氢氧化钙（石灰水）	杀菌、杀虫
	硫磺	杀菌、杀螨、驱避
	高锰酸钾	杀菌，仅用于果树和种子处理
	碳酸氢钾	杀菌
	矿物油	杀虫、杀螨、杀菌
	氯化钙	用于治疗缺钙带来的抗性减弱
	硅藻土	杀虫
	粘土（如斑脱土、珍珠岩、蛭石、沸石等）	杀虫
	硅酸盐（硅酸钠，石英）	驱避
	硫酸铁（3 价铁离子）	杀软体动物
Ⅴ.其他	二氧化碳	杀虫，用于贮存设施
	过氧化物类和含氯类消毒剂（如过氧乙酸、二氧化氯、二氯异氰尿酸钠、三氯异氰尿酸等）	杀菌，用于土壤、培养基质、种子和设施消毒
	乙醇	杀菌
	海盐和盐水	杀菌，仅用于种子（如稻谷等）处理
	软皂（钾肥皂）	杀虫
	松脂酸钠	杀虫
	乙烯	催熟等
	石英砂	杀菌、杀螨、驱避
	昆虫性信息素	引诱或干扰
	磷酸氢二铵	引诱

ª 国家新禁用或列入《限制使用农药名录》的农药自动从该清单中删除。

A.2 A 级绿色食品生产允许使用的其他农药清单

当表 A.1 所列农药不能满足生产需要时，A 级绿色食品生产还可按照农药产品标签或 GB/T 8321 的规定使用下列农药：

a） 杀虫杀螨剂

1） 苯丁锡　fenbutatin oxide
2） 吡丙醚　pyriproxifen
3） 吡虫啉　imidacloprid
4） 吡蚜酮　pymetrozine
5） 虫螨腈　chlorfenapyr
6） 除虫脲　diflubenzuron
7） 啶虫脒　acetamiprid
8） 氟虫脲　flufenoxuron
9） 氟啶虫胺腈　sulfoxaflor
10） 氟啶虫酰胺　flonicamid
11） 氟铃脲　hexaflumuron
12） 高效氯氰菊酯　beta-cypermethrin
13） 甲氨基阿维菌素苯甲酸盐　emamectin benzoate
14） 甲氰菊酯　fenpropathrin
15） 甲氧虫酰肼　methoxyfenozide
16） 抗蚜威　pirimicarb
17） 喹螨醚　fenazaquin
18） 联苯肼酯　bifenazate
19） 硫酰氟　sulfuryl fluoride
20） 螺虫乙酯　spirotetramat
21） 螺螨酯　spirodiclofen
22） 氯虫苯甲酰胺　chlorantraniliprole
23） 灭蝇胺　cyromazine
24） 灭幼脲　chlorbenzuron
25） 氰氟虫腙　metaflumizone
26） 噻虫啉　thiacloprid
27） 噻虫嗪　thiamethoxam
28） 噻螨酮　hexythiazox
29） 噻嗪酮　buprofezin
30） 杀虫双　bisultap thiosultapdisodium
31） 杀铃脲　triflumuron
32） 虱螨脲　lufenuron
33） 四聚乙醛　metaldehyde

附 录

34) 四螨嗪 clofentezine
35) 辛硫磷 phoxim
36) 溴氰虫酰胺 cyantraniliprole

37) 乙螨唑 etoxazole
38) 茚虫威 indoxacard
39) 唑螨酯 fenpyroximate

b) 杀菌剂
1) 苯醚甲环唑 difenoconazole
2) 吡唑醚菌酯 pyraclostrobin
3) 丙环唑 propiconazol
4) 代森联 metriam
5) 代森锰锌 mancozeb
6) 代森锌 zineb
7) 稻瘟灵 isoprothiolane
8) 啶酰菌胺 boscalid
9) 啶氧菌酯 picoxystrobin
10) 多菌灵 carbendazim
11) 噁霉灵 hymexazol
12) 噁霜灵 oxadixyl
13) 噁唑菌酮 famoxadone
14) 粉唑醇 flutriafol
15) 氟吡菌胺 fluopicolide
16) 氟吡菌酰胺 fluopyram
17) 氟啶胺 fluazinam
18) 氟环唑 epoxiconazole
19) 氟菌唑 triflumizole
20) 氟硅唑 flusilazole
21) 氟吗啉 flumorph
22) 氟酰胺 flutolanil
23) 氟唑环菌胺 sedaxane
24) 腐霉利 procymidone
25) 咯菌腈 fludioxonil
26) 甲基立枯磷 tolclofos-methyl
27) 甲基硫菌灵 thiophanate-methyl
28) 腈苯唑 fenbuconazole
29) 腈菌唑 myclobutanil

30) 精甲霜灵 metalaxyl-M
31) 克菌丹 captan
32) 喹啉铜 oxine-copper
33) 醚菌酯 kresoxim-methyl
34) 嘧菌环胺 cyprodinil
35) 嘧菌酯 azoxystrobin
36) 嘧霉胺 pyrimethanil
37) 棉隆 dazomet
38) 氰霜唑 cyazofamid
39) 氰氨化钙 calcium cyanamide
40) 噻呋酰胺 thifluzamide
41) 噻菌灵 thiabendazole
42) 噻唑锌
43) 三环唑 tricyclazole
44) 三乙膦酸铝 fosetyl-aluminium
45) 三唑醇 triadimenol
46) 三唑酮 triadimefon
47) 双炔酰菌胺 mandipropamid
48) 霜霉威 propamocarb
49) 霜脲氰 cymoxanil
50) 威百亩 metam-sodium
51) 萎锈灵 carboxin
52) 肟菌酯 trifloxystrobin
53) 戊唑醇 tebuconazole
54) 烯肟菌胺
55) 烯酰吗啉 dimethomorph
56) 异菌脲 iprodione
57) 抑霉唑 imazalil

c) 除草剂
1) 2甲4氯 MCPA
2) 氨氯吡啶酸 picloram
3) 苄嘧磺隆 bensulfuron-methyl
4) 丙草胺 pretilachlor
5) 丙炔噁草酮 oxadiargyl
6) 丙炔氟草胺 flumioxazin
7) 草铵膦 glufosinate-ammonium
8) 二甲戊灵 pendimethalin
9) 二氯吡啶酸 clopyralid
10) 氟唑磺隆 flucarbazone-sodium
11) 禾草灵 diclofop-methyl

12) 环嗪酮 hexazinone
13) 磺草酮 sulcotrione
14) 甲草胺 alachlor
15) 精吡氟禾草灵 fluazifop-P
16) 精喹禾灵 quizalofop-P
17) 精异丙甲草胺 s-metolachlor
18) 绿麦隆 chlortoluron
19) 氯氟吡氧乙酸(异辛酸) fluroxypyr
20) 氯氟吡氧乙酸异辛酯 fluroxypyr-mepthyl
21) 麦草畏 dicamba

22) 咪唑喹啉酸　imazaquin
23) 灭草松　bentazone
24) 氰氟草酯　cyhalofop butyl
25) 炔草酯　clodinafop-propargyl
26) 乳氟禾草灵　lactofen
27) 噻吩磺隆　thifensulfuron-methyl
28) 双草醚　bispyribac-sodium
29) 双氟磺草胺　florasulam
30) 甜菜安　desmedipham
31) 甜菜宁　phenmedipham
32) 五氟磺草胺　penoxsulam
33) 烯草酮　clethodim
34) 烯禾啶　sethoxydim
35) 酰嘧磺隆　amidosulfuron
36) 硝磺草酮　mesotrione
37) 乙氧氟草醚　oxyfluorfen
38) 异丙隆　isoproturon
39) 唑草酮　carfentrazone-ethyl

d) 植物生长调节剂
1) 1-甲基环丙烯　1-methylcyclopropene
2) 2,4-滴　2,4-D(只允许作为植物生长调节剂使用)
3) 矮壮素　chlormequat
4) 氯吡脲　forchlorfenuron
5) 萘乙酸　1-naphthal acetic acid
6) 烯效唑　uniconazole

国家新禁用或列入《限制使用农药名录》的农药自动从上述清单中删除。

中 华 人 民 共 和 国
农 业 行 业 标 准
绿色食品　农药使用准则
NY/T 393—2020
*　　*　　*
中国农业出版社出版
(北京市朝阳区麦子店街18号楼)
(邮政编码：100125　网址：www.ccap.com.cn)
北京印刷一厂印刷
新华书店北京发行所发行　各地新华书店经销
*　　*　　*
开本880mm×1230mm 1/16　印张0.75　字数15千字
2020年10月第1版　2020年10月北京第1次印刷
书号：16109·8172
定价：18.00元

版权专有　侵权必究
举报电话：(010) 59194261

NY/T 393—2020

附录二

绿色食品允许使用的农药品种中文名称索引

一、杀虫杀螨剂

1 苯丁锡 ································ 12	17 抗蚜威 ································ 26
2 吡丙醚 ································ 13	18 喹螨醚 ································ 27
3 吡虫啉 ································ 13	19 联苯肼酯 ···························· 28
4 吡蚜酮 ································ 14	20 硫酰氟 ································ 29
5 虫螨腈 ································ 15	21 螺虫乙酯 ···························· 29
6 除虫脲 ································ 16	22 螺螨酯 ································ 30
7 啶虫脒 ································ 17	23 氯虫苯甲酰胺 ···················· 31
8 多杀霉素 ···························· 18	24 灭蝇胺 ································ 33
9 氟虫脲 ································ 19	25 灭幼脲 ································ 33
10 氟啶虫胺腈 ························ 20	26 氰氟虫腙 ···························· 34
11 氟啶虫酰胺 ························ 21	27 噻虫啉 ································ 35
12 氟铃脲 ································ 21	28 噻虫嗪 ································ 36
13 高效氯氰菊酯 ···················· 22	29 噻螨酮 ································ 37
14 甲氨基阿维菌素苯甲酸盐 ··· 23	30 噻嗪酮 ································ 38
15 甲氰菊酯 ···························· 24	31 杀虫双 ································ 39
16 甲氧虫酰肼 ························ 25	32 杀铃脲 ································ 40

33 虱螨脲 ……………………… 41
34 四聚乙醛 …………………… 41
35 四螨嗪 ……………………… 42
36 辛硫磷 ……………………… 43
37 溴氰虫酰胺 ………………… 44
38 乙基多杀菌素 ……………… 45
39 乙螨唑 ……………………… 46
40 茚虫威 ……………………… 47
41 唑螨酯 ……………………… 48

二、杀菌剂

1 氨基寡糖素 ………………… 50
2 苯醚甲环唑 ………………… 51
3 吡唑醚菌酯 ………………… 52
4 丙环唑 ……………………… 53
5 春雷霉素 …………………… 54
6 代森联 ……………………… 55
7 代森锰锌 …………………… 56
8 代森锌 ……………………… 57
9 稻瘟灵 ……………………… 58
10 啶酰菌胺 …………………… 59
11 啶氧菌酯 …………………… 60
12 多菌灵 ……………………… 61
13 噁霉灵 ……………………… 62
14 噁唑菌酮 …………………… 62
15 粉唑醇 ……………………… 63
16 氟吡菌胺 …………………… 64
17 氟吡菌酰胺 ………………… 65
18 氟啶胺 ……………………… 66
19 氟环唑 ……………………… 67
20 氟菌唑 ……………………… 67
21 氟硅唑 ……………………… 68
22 氟吗啉 ……………………… 69
23 氟酰胺 ……………………… 70
24 氟唑环菌胺 ………………… 70
25 腐霉利 ……………………… 71
26 咯菌腈 ……………………… 72
27 甲基硫菌灵 ………………… 73
28 甲基立枯磷 ………………… 75
29 腈苯唑 ……………………… 75
30 腈菌唑 ……………………… 76
31 精甲霜灵 …………………… 77
32 克菌丹 ……………………… 78

33	枯草芽孢杆菌	79
34	喹啉铜	80
35	醚菌酯	81
36	嘧菌环胺	82
37	嘧菌酯	83
38	嘧霉胺	84
39	棉隆	85
40	氢氧化铜	86
41	氰霜唑	87
42	氰氨化钙	88
43	噻呋酰胺	89
44	噻唑锌	90
45	噻菌灵	91
46	三环唑	92
47	三唑醇	93
48	三唑酮	93
49	三乙膦酸铝	94
50	双炔酰菌胺	95
51	霜霉威	96
52	霜脲氰	97
53	威百亩	98
54	萎锈灵	99
55	肟菌酯	99
56	戊唑醇	100
57	烯肟菌胺	101
58	烯酰吗啉	102
59	异菌脲	103
60	抑霉唑	104
61	中生菌素	105

三、除草剂

1	2甲4氯	106
2	氨氯吡啶酸	107
3	苄嘧磺隆	108
4	丙草胺	109
5	丙炔噁草酮	110
6	丙炔氟草胺	111
7	草铵膦	112
8	二甲戊灵	113
9	二氯吡啶酸	114
10	氟唑磺隆	115
11	禾草灵	116
12	磺草酮	117

⑬ 甲草胺 …………………… 118	㉖ 噻吩磺隆 …………………… 131
⑭ 精吡氟禾草灵 ……………… 119	㉗ 双草醚 ……………………… 132
⑮ 精喹禾灵 …………………… 120	㉘ 双氟磺草胺 ………………… 133
⑯ 精异丙甲草胺 ……………… 121	㉙ 甜菜安 ……………………… 134
⑰ 绿麦隆 ……………………… 123	㉚ 五氟磺草胺 ………………… 135
⑱ 氯氟吡氧乙酸（异辛酸）… 124	㉛ 烯草酮 ……………………… 136
⑲ 氯氟吡氧乙酸异辛酯 ……… 125	㉜ 烯禾啶 ……………………… 137
⑲ 麦草畏 ……………………… 126	㉝ 酰嘧磺隆 …………………… 138
⑳ 咪唑喹啉酸 ………………… 126	㉞ 硝磺草酮 …………………… 139
㉒ 灭草松 ……………………… 127	㉟ 乙氧氟草醚 ………………… 139
㉓ 氰氟草酯 …………………… 128	㊱ 异丙隆 ……………………… 140
㉔ 炔草酯 ……………………… 129	㊲ 唑草酮 ……………………… 141
㉕ 乳氟禾草灵 ………………… 130	

四、植物生长调节剂

❶ 1-甲基环丙烯 ……………… 143	❽ 萘乙酸 ……………………… 150
❷ 2,4-滴 ……………………… 144	❾ 三十烷醇 …………………… 152
❸ 矮壮素 ……………………… 145	❿ 烯效唑 ……………………… 152
❹ 苄氨基嘌呤 ………………… 146	⓫ 吲哚乙酸 …………………… 154
❺ 赤霉酸 ……………………… 147	⓬ 吲哚丁酸 …………………… 155
❻ 羟烯腺嘌呤 ………………… 148	⓭ 乙烯利 ……………………… 156
❼ 氯吡脲 ……………………… 149	⓮ 芸苔素内酯 ………………… 157